菜單設計與成本控制

Menu Design and Cost Control

高琦、蔡曉娟◎著

序

　　根據主計處（2010）的調查指出，國人在娛樂、消遣、教育及文化服務的支出費用有逐年上升的趨勢，加上民國89年起實施的週休二日制度，更將國人的休閒品質推向高峰。美食文化是台灣國際地位的表徵，多樣的風俗習慣與人文背景造就多元化的飲食文化，也是聞名世界各大菜系的縮影。

　　客人進入餐廳，期待享用一頓美食佳餚之前，第一步必須經過「點菜」這道手續，在大多數餐廳無法提供實物展示及廚師又不可能親自逐一介紹菜色的情況限制下，一份製作嚴謹、精美詳實的菜單，便成了各式菜餚的最佳代言人，亦是餐廳與顧客間的溝通橋樑。目前國內餐飲業正蓬勃發展，舉凡大型宴會餐廳、異國料理、道地小吃、餐車飲食或是外賣餐飲服務，「菜單」的設計與編排皆是行銷的重點項目。在兵家戰場的競爭下，如何能夠透過菜單提升餐廳的獲利，推廣餐廳的特色與主題性，留住客人的目光能夠再次消費，並感受到愉快的氣氛等等都是經營者需要審視的要點。

　　菜單設計是一項複雜的工作過程，涉及的範圍更是廣泛。在多年餐飲工作經驗中，深刻的體悟其餐飲食物材料的儲存、準備、製作到上菜的全部過程，皆不能掉以輕心。所以，在設計菜單時，應考慮市場、成本、設備、人員、服務供餐型態等各種因素，再根據這些因素編製符合顧客需求的菜單。因此，本書的目的希望能將過往菜單設計的經驗，以及設計的原則與業界資訊彙整後完整呈現，期盼能提升國內餐飲產業的創新，並作為開店和菜單設計與製作的參考書籍。

　　本書的完成承蒙很多人幫忙，得以讓本書順利出版。尤其感謝我的

家人與丈夫精神上全力支持，讓我無後顧之憂全力衝刺；再者，要感謝揚智文化事業閻總編與全體工作夥伴的協助，才能讓本書達到圖文並茂又賞心悅目的情境；另外，要感謝東海大學餐旅管理學系的老師與同仁們；由衷感謝台中金典酒店楊福強主廚和羽笠日式料理餐廳的梁翌修老闆的鼎力協助，耗費多時烹製各地的料理讓我得以順利拍攝書籍照片。因有大家的協助與支持本書才得以一氣完成，在此由衷致上謝意。

　　本書撰寫仍有許多疏漏與謬誤之處，尚祈海內外專家不吝指正，未來將不斷改進缺失嘉惠更多的學子。

高琦　謹識

2019年1月

目　錄

Chapter 1

菜單的定義

　　客人進入餐廳，期待享用一頓美食佳餚之前，第一步必須經過「點菜」這道手續，而在大多數餐廳無法提供實物展示或廚師又不可能親自逐一介紹菜色的情況限制下，一份製作嚴謹、精美詳實的菜單，便成了各式菜餚的最佳代言人，扮演餐廳與顧客間的溝通橋樑。本章就菜單的定義、菜單的起源、菜單的基本認識及菜單設計的重要性加以敘述。

一、菜單的緣起

　　自古以來，人類不斷追求美食，其中關於菜單的起源有很多種不同的說法，包括源自法國人、英國人、第一份詳細記載菜餚項目的菜單及早期的發展情形。

(一)法國人的說法

　　法國人認為菜單源自1498年的蒙福特（Hugo de Montford）公爵，他在每次宴會中，總用一張羊皮紙寫著廚師所要出菜的菜名，以便明白當天要吃些什麼。

(二)英國人的說法

　　英國人認為菜單始自1541年的布朗斯威克（Brunswick）公爵，當時廚師都有一種用來記錄烹飪菜餚的備忘錄。某一天，布朗斯威克公爵在家宴請朋友時，忽然有一種念頭，要求廚師將當天準備的菜名抄在一張小條子上，使他能預先掌握將要上桌的菜餚為何，以保留胃口來吃最喜愛的菜。這種作法受到大家的歡迎，於是競相學習而流傳至今，成為餐桌上不可或缺的東西。

(三)第一份詳細記載的菜單

第一份詳細記載並列有各項菜餚細目的菜單（如圖1-1），出現在1571年一名法國貴族的婚宴典禮上。到了法王路易十五，他不但講究菜色的結構，也重視菜單的製作，後來演變成為王公貴族及富豪宴客時不可缺少的物品。

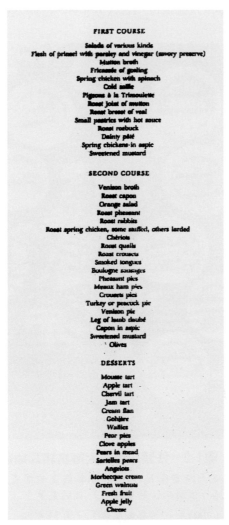

圖1-1　第一份詳細記載的菜單

(四)菜單早期的發展

　　歐洲的王公貴族們為了滿足虛榮及誇耀自己的身分地位，而出現花樣百出、各式排場的大菜單。至於菜單廣為民間一般餐飲業採用，則是在19世紀末（1880-1890），法國的巴黎遜（Parisian）餐廳把製作精美的商業菜單首次介紹給大眾，同時當年有名的畫家雷諾瓦（Renoir）（如圖1-2）、高更（Ganguin）及羅特列克（Toulouse-Lautrec），更以素描或繪

圖1-2　法國印象派大師雷諾瓦插畫

此畫是法國名印象派大師雷諾瓦為Parisian餐廳畫的插畫，藉以換取免費的餐飲。此畫的內容描述一位廚師忙於穿梭在一日的菜單中

資料來源：高秋英（2001）。《餐飲服務》，頁73。

製菜單來換取食物或報酬（如圖1-3）。當時的餐廳菜單多以人工方式繪製，主要以提供當日消費內容之參考。一直到20世紀初，一人一張的菜單服務方式才蔚為風尚。

　　菜單英文稱為Menu，其字源出自法語，原為「細微」的意思，而後又有「小的明細表或備忘錄」的涵義，因此Menu的本意是記載餐食的菜式與出菜順序的清單和卡片；根據《牛津辭典》所述，Menu的涵

圖1-3　法國巴黎藝術家羅特列克所描繪的晚餐菜單

資料來源：Nancy Loman Scanlon (1985). *Marketing by Menu.*

義為「在宴會或點餐時，供應菜餚的詳細清單、帳單」；《英國劍橋字典》對於Menu的解釋為「A list of the food that you can eat in a restaurant」（你在餐廳吃的食物清單），此外隨著時代趨勢的改變，在Menu的解釋上有不同的說法，修改為「A menu is also a list of items shown on a computer screen from which the user can choose an operation for the computer to perform」〔電腦螢幕上所顯示的項目列表也可稱為菜單，使用者（顧客）可以從中選擇項目執行操作〕。總括上述的內容，菜單的目的為提供生產供應的餐食的訊息，以及確實的詳細目錄，通常餐飲業者會藉由菜單的訊息來吸引顧客的注意力，產生購買的慾望，並成為餐廳與顧客間的溝通橋樑。

二、菜單的定義

菜單是溝通訊息的印刷品，也是食品飲料的產品清單，更是餐飲服務系統運行過程中關鍵性的焦點。因此，「菜單」一詞的意義可分為廣義與狹義兩方面來說，謹分述如下：

(一)廣義的定義

1.菜單是餐飲產品和服務的宣傳品。
2.菜單是餐飲經營過程中最佳的指導方針。
3.菜單是餐飲企業與顧客之間訊息交流的工具。

(二)狹義的定義

1.菜單，它的英文名為Menu，源於法文。在有的餐館中亦被稱為食譜。

2.菜單是餐廳最重要的商品目錄，通常以書面形式呈現，供光臨餐廳的客人從中進行選擇，可說是一位無言的推銷員，因此，所代表的涵義並非只是一張價目表而已。

3.一張完整的菜單，其內容應包括：食物名稱、種類、價格、烹調方法、圖片展示及相關知識的陳述等，如此才能讓客人安心點菜，專心享受眼前美食。

三、菜單的作用與重要性

菜單是餐廳飲食產品銷售種類和價格的一覽表，直接影響餐飲服務的經營成效，其具體作用有下列十項：

(一)菜單是餐飲促銷的手段

一份精心編製的菜單，能使顧客感到心情舒暢，賞心悅目，並能讓顧客體會餐廳的用心經營，促使顧客欣然解囊，樂於多點幾道菜餚；而且可以利用菜單內容引導顧客嘗試高利潤菜，以增加餐廳的收入。菜單上不僅有文字與豐富的色彩圖例，更融合充滿藝術的外觀設計，吸引消費者的食慾和影響對於產品的選擇，能夠促進高利潤的銷售，吸引顧客再次光臨。

(二)菜單既是藝術品又是宣傳品

菜單無疑是餐廳主要的廣告宣傳品，一份製作精美的菜單不但可以提高用餐氣氛，更能反映餐廳的格調，使客人對菜單內所列的美味佳餚留下深刻印象。有的菜單甚至可以視為一種藝術品，讓人欣賞並留作紀念，帶給客人美好的用餐體驗（如圖1-4）。

圖1-4 中天新聞報導，〈菜單不輸藝術品，一本造價1800元〉

資料來源：https://www.youtube.com/watch?v=DMWj8DN30Yc，2014年7
月2日，imenu - 菜單設計製作

(三)菜單可反映餐廳的經營方針

餐飲工作包羅萬象，主要有原料的採購、食品的烹調製作以及餐廳
服務，這些工作內容都是以菜單為依據。因此，菜單必須根據餐廳經營方
針的要求來設計，才能實現營運目標。

(四)菜單可促進餐飲成本及銷售之控制

菜單是管理人員分析餐廳菜餚銷售狀況的基本資料。若大量使用價
格昂貴的菜色將會增加企業本體的食品材料成本；著重於手工菜餚或是強
調擺盤雕刻裝飾的策略也將會增加勞力成本，這些比例的分配將會直接
影響到企業的盈利能力。因此管理人員要定期檢視與菜單相關的各種問
題，進而協助餐廳更換菜單種類，改良生產計畫和烹調技術，改善菜餚的
促銷方式和定價方法。

(五)菜單是廚房購置相對應餐飲設備的指南

餐飲企業必須根據菜單的菜餚種類和製作方法，選擇合適的餐飲設備和工具數量，例如炒青菜不適合用烤板，煎牛排不適宜使用炒鍋；而製作北京烤鴨時，則必須使用掛爐，服務龍蝦或蝸牛時需要附上龍蝦鉗和田螺夾叉組等。一般而言，菜式種類越豐富，所需的設備種類就越多；廚藝水平越高所需的餐具也就愈特殊。因而，在一定程度上菜單決定了餐廳的設備成本。

(六)菜單是溝通消費者與接待者之間的橋樑

消費者透過菜單來選購自己所喜愛的菜餚，而接待人員透過菜單來推薦餐廳的餐點特色與招牌菜，兩方之間藉由菜單開始交談，使得訊息可以交流，形成良好的雙向溝通模式。

(七)菜單象徵餐廳菜餚的經營特色和等級水準

每個餐廳都有自己的經營特色和等級水準。菜單上的食品項目、飲料種類、價格及質量等均能顯現餐廳企業的特色和水準，以留給客人良好和深刻的印象。如同提供義大利麵的餐廳，在義大利麵變化的種類、價格、口味，以及服務方式和組合形式都會吸引不同階層的消費族群。

(八)菜單是餐廳採購材料種類、數量、方式之依據

食品材料的採購和儲藏是餐廳經營成功要素中很重要的一環，受到菜單內容和菜單類型的支配和影響，因此，餐廳經營者必須根據菜單來決定食品材料採購的種類和數量之多寡。如以推出固定菜色的餐廳而言，餐廳所需要的品項種類和規格也應固定不變，這樣可以使得餐廳在採購方

法、存藏標準以及溫度控管的流程中保持穩定的品質；若採用循環菜單或是變動幅度大的菜單走向，則將使得食品材料的採購和存藏流程變得繁瑣複雜。

(九)菜單是餐廳服務人員為顧客提供各項服務的準則

菜單決定了餐廳服務的方式和方法，服務人員必須根據菜單的內容及種類，提供各項標準的服務程序，才能讓客人得到視覺、味覺、嗅覺、味覺上的滿足。另外，菜單亦能決定服務人員的組織架構和服務人數；越是講究精緻小巧的品項，因需要提供的服務愈細微所以需求的服務員人數越多，組織架構脈絡也就更複雜。例如每道菜必須更換餐具、每道菜間隔需提供飲料、每道菜需分菜等細微的服務。

(十)菜單可以作為改進食品質量及服務品質的依據

餐廳經營者可以根據客人點菜的情況，瞭解客人的口味以及客人對本餐廳菜餚的歡迎程度，作為研究食品質量的資料，並可依據賓客喜好，將內容作適當的修正。

Chapter 2

菜單與飲食文化

　　「文化」指的是一個群體或個體所接受的價值、信仰、態度和習慣，這不是與生俱來的能力，而是透過學習所衍生出來的一種社會特性，包含對食物的喜好就是最佳的說明。

　　一張成功的菜單必須針對當地消費群的飲食文化與禁忌來設計，才能迎合顧客的喜好。各國各地因為氣候、地域、歷史背景和文化習慣各有差異，在飲食習俗上也就有著顯著的差異，有些嗜甜、嗜酸、嗜辣、嗜鹹，有些不接受內臟類食物等諸多禁忌，透過菜單的巧妙設計，可提供顧客依據需求和習慣進行選擇。

一、飲食文化的意義

　　所謂的「飲食文化」是指由人類所發展決定自己飲食的方式與喜好的程度（Marion Bennion, 1995），以空間和歷史的角度來涵蓋所有的範圍，包含飲食食物、飲食器具、加工技藝、烹調方式與飲食方式等。世界上有許多不同的人群種族，也各自孕育出不同且多樣貌的飲食文化。依據飲食餐具的差異分類如下：

(一)刀叉匙文

　　源自於17世紀法國的宮廷料理，至18世紀遍及歐洲、北美洲、南美洲地區，多普遍使用刀、叉進食。

(二)箸食文化

　　「箸」為熟食文化下的產物，發展於中國用火的文化；箸食文化影響到鄰近的日本、韓國與越南等國家，當然各國也逐漸發展擁有自己特色的文化。尤其以韓國最具有特色，材質選擇上以金屬扁平材質為主，並搭配長柄匙一起使用。

刀叉匙文化

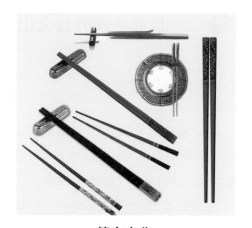

箸食文化

資料來源：〈尋夢新聞〉，2018.07.19。

(三)手食文化

　　以手就食的飲食文化是人類文化的根源，含括伊斯蘭教、印度教與東南亞多處的文化區域，其人口約占全球的40%；在飲食前必須嚴格清潔雙手，並使用右手大拇指、食指與中指來食用，絕不可使用左手進食。

手食文化

資料來源：〈微文庫〉，2017.10.24。

二、世界各國飲食文化

(一)大陸地區飲食文化

中國的飲食文化起源可追溯至史前時代，從火的發明、漁獵、家禽、農耕的生活方式也逐漸改變了生活與飲食的樣態。周朝（西元前11世紀～西元前256年）之前是飲食文化的產生與展時期，到了周秦兩漢期間（西元前225年～西元220年），由於農業、手工業發展以及南北東西民族融合，使得食品原料烹飪技術更加多樣化，可稱為中國文化的昌明時代；兩漢（西元220年）以後至今是飲食文化發展中的昌盛時代，從北魏崔浩《食經》到清朝袁枚《隨園食單》不僅展現當代的飲食觀點，還記載許多菜餚的作法，讓飲食走向專門化；從隋代謝諷《食經》中記載的「越國公碎金飯」、「北齊武成王生羊膾」等著名的餚饌中，可以瞭解當時已經有對菜色命名的觀念；這一時期也湧出許多著名的烹調家，如南宋的宋五嫂、清代的王二餘等，憑藉文化與審美感覺促使餚饌更富於情致，大幅度滿足人們在視覺、嗅覺、味覺與觸覺上的要求。

大陸地區菜系發展與習慣

所謂的「菜系」是指在一定區域內，因物產氣候、歷史條件、飲食風俗的不同，經過漫長的歷史演變而形成一套有系統的體制，無論在原料選擇、調味運用或烹調技藝都有自己的特點。晉朝張華在《博物誌》中說到，「東南之人食水產，西北之人食陸畜；食水產者，龜蛤螺蚌，以為珍味，不覺其腥也；食陸畜者，狸兔鼠雀，以為珍味，不覺其羶也。」直至現今，南北食物的差異仍然很大，南米北麥的主食文化，以及各地區在口味的厚薄濃淡上也有很大的區別。

中國因為歷史悠久、幅員廣闊，因此中國的飲食習慣含括了茶的文化、酒的文化和烹飪文化，在內涵上豐富多彩，於世界的飲食發展中占有

舉足輕重的地位。中國人因文化特性上喜好熱鬧和團圓的氣氛，用餐時多半以圓桌和圓盤為主。一次將菜餚全部擺放於圓桌中央共同分享。中國菜以熱食為主較少生冷的食物，用餐的順序通常以先吃飯再喝湯。中國人是全世界上最能吃的民族，選料多元廣泛，天上飛的、地上爬的或是水裡游的幾乎無所不吃，烹飪手法層出不窮、技藝高超，烹調方法繁多。自清代起中國菜分為八大菜系，以下將介紹八大菜系以及近來頗受歡迎的北京和上海的飲食習慣。

♣ 江蘇菜（蘇）

蘇菜是由揚州、南京、蘇錫、徐海四個地方風味所構成。揚州自秦漢以來就是國都重鎮，到明清時期成為鹽商聚居之地，地理位置又處於江淮湖海之間，盛產魚蝦海味，有中國「魚米之鄉」的美譽，為烹調的發展提供了豐富的原料。蘇菜的發展在清朝攀上顛峰，其中以清朝乾隆皇帝三下江南，對於當地的佳餚風光流連忘返一說最為著名；而當代的知名小說《紅樓夢》也多次形容記載淮揚的美食，尤其「紅樓宴」更是鉅細靡遺地將蘇菜料理精華呈現在世人眼前；蘇菜喜歡糖鹽並用，運用糖來達到

無錫排骨

陽澄湖大閘蟹

提鮮的作用，重視餚饌的色澤，善於運用糖色、清醬色，使餚饌達到色濃亮、味濃郁、汁厚的風味。蘇菜相當講究刀工，當地以麵點、鴨子料理、大閘蟹等料理聞名，如南京板鴨、無錫排骨、陽澄湖大閘蟹、徐州百頁等。

♣廣東菜（粵）

廣東菜位於中國的西南端嶺南地區，背山臨海，與中原長期隔絕，自古為百越民族所居，秦漢間又移居大批中原居民，因此粵菜保留不少古粵人和秦漢的習俗；後期清朝的港口貿易帶入許多的西菜烹製觀念，為粵菜開創新格局。粵菜分為三大支脈，一為廣州菜，為粵菜正宗；其二為潮州菜，因接近福建，口味偏重香濃、鮮甜，喜歡用魚露、沙茶醬、梅蘭醬等調味；第三為東江菜，口味偏鹹、酸、辣、油，與客家菜有異曲同工之妙。

粵菜烹調技法匯集了中西各地飲食精華，加上當地廚師善於變化菜色，故有「吃在廣州」的美譽，以炒、焗、泡、扒、燴、煲為主。對於海鮮的料理即為講究，點心的種類更為精緻，常見的有蘿蔔糕、燒賣、蝦餃等廣受好評的代表品項。

港式點心

港式燒臘

♣ 四川菜（川）

四川位於中國的西部，古稱「天府之國」。當地淡水魚蝦、家畜家禽物產豐富，為川菜的烹調技藝提供了得天獨厚的重要基礎。川菜享有「一菜一格，百菜百味」的美譽，宋代吳自牧《夢粱錄》說「南宋都城臨安有專賣諸色羹湯、川飯並諸煎魚肉下飯」，由此可知當時川菜獨特的烹調技法與調味令人回味無窮。

川菜的食材取自山區的山珍野味、江河的魚、蝦、蟹以及新鮮蔬菜等，在烹調手法上相當重視調味，尤其以善用麻辣著稱，其中最著名為「三椒」（辣椒、花椒、胡椒）；川菜以麻、辣、鮮、鹹、酸、苦六種口感作為基本味，烹調時少用單純味，多用複合味調合出白油、鹹鮮、魚香、酸辣、怪味、醬香、椒麻、蒜泥、香槽、糖醋等幾十種別具特色的口味。依據地理位置又可將川菜細分成東北部的「重慶菜」和西南部的「成都菜」，「重慶菜」口味較重，講究麻辣的層次，烹調方法則較擅長小煎、小炒、乾煸、乾燒。川式餚饌以清鮮為主，濃厚著稱，麻辣見長，本味見功。代表菜色如宮保雞丁、水煮魚、魚香茄子、怪味雞、夫妻肺片等。

怪味雞

夫妻肺片

❧ 山東菜（魯）

　　山東又稱「魯」，位於中國的東部沿海，由於農產種植業和水產養殖業相當發達，山珍海味是為該菜系的主要食材。魯菜形成在元明時期，烹飪技巧和調味風格流傳於華北、京津、東北一帶，也是宮廷御膳組成的部分。烹調法上擅長使用爆、燒、炸、炒，有中國八大菜系之首的美稱。北方菜注重麵食，例如硬麵饅頭、酥餅、煎餅等都是常見的平民飲食，點心的烹調方式更突顯出當地的特色——拔絲和掛霜，如拔絲地瓜等。

硬麵大饅頭

拔絲地瓜

❧ 福建菜（閩）

　　福建又稱為「閩」，位於中國東南沿海，餐點的主流以海鮮為主。福建自南宋（西元1127年）後逐漸發展，清朝中葉後出現一些顯宦名士，經他們弘揚使福建菜餚逐漸為世人所知；一般而言，閩菜可分為福州菜、閩南菜和閩西菜，其中以重清鮮的福州菜為閩菜的代表；台灣居民多來自福建漳州與泉州一帶，因此台菜的歷史源頭可追溯至閩南菜系；閩菜中最有特色的在於湯菜，即是富有湯汁的菜，運用燉、煮、煨、汆、蒸等

烹飪方法來製作,如著名的佛跳牆、魚翅羹;閩菜口味一般偏淡、偏甜和偏酸,刀工精細,擅長於調湯與使用紅糟。另外,閩南體系「沙茶」也是相當重要的調味料。

佛跳牆   酥炸紅糟肉

✿ 江浙菜(浙)

　　江浙位於中國的東面,有「江南魚米之鄉」之稱。所謂的「江」是指蘇州、無錫一帶;「浙」包含杭州、湖州和嘉興一帶;江浙地區在中唐(西元800年左右)後逐漸發展起來,歷史悠久。江浙餚饌多與杭州西湖、風景名勝和文人雅士有所關聯,可從林洪《山家清供》、高濂《遵生八箋·飲饌服食箋》和《居家必備》、袁枚《隨園食單》、顧仲《養小錄》等看到當時的江浙文士對佳饌名餚的品評,為江浙烹調技藝發展提供了依據。

　　江浙料理結合杭州菜、寧波菜和紹興菜,以製作精細、講究原汁原味以及清淡的餐點為特色,更有「二輕一重」的烹調技巧——輕油、輕芡、重刀工,注重煨、燉、燜、燴、蒸等烹製法。其形色取其自然,如著名的龍井蝦仁、東坡肉、西湖醋魚、紹興醉雞等。此外,聞名全世界的金華火腿更是江浙菜系不可忽略的重點。

東坡肉

紹興醉雞

❖ 安徽菜（皖）

　　中國的長江和淮河貫穿安徽境內，擁有相當豐富的淡水魚產資源，因地理環境以山區居多，其食材原料以山產種類為主。徽菜起源於歙縣（古徽州），皖菜發端於唐宋（西元618～1279年），興盛於明清（西元1368～1912年），民國期間繼續發展。安徽菜由皖南菜、沿江菜和淮北菜組成，烹調手法擅長燒、燉、蒸、爆，味道多以鮮、鹹、辣為主。雲霧肉、豆腐宴都是安徽菜的代表。

雲霧肉

豆腐宴

♣ 湖南菜（湘）

湖南簡稱「湘」，位於中國的中部偏南，地處湘江流域，屬溫熱氣候，物產豐饒，有「湖廣熱，天下熟」的諺語，代表當地的廚藝技術相當了得，各式佳餚都可常見。湘菜是以湘江流域、洞庭湖區和湘西山區三個地方風味的菜餚為主組成，口味偏重辣與臘，「辣」則以盛產的朝天辣椒為代表；「臘」則是保有湖南歷史悠久的臘肉製作傳統，巧妙的將臘肉與蔬食結合在一起。著名的菜色如湘江流域的東安雞、洞庭湖區的君山銀針雞片以及湘西山區的臘肉。

東安雞

臘肉

♣ 北京菜

北京自遼國（西元916年）開始至今作為首都已近七百多年的歷史，融合了山東菜系以及漢、滿、蒙、回等民族的烹飪技藝。忽思慧《飲饌正要》中完整記載元朝統治者的飲食，烹調以烤、溜、燒、涮為主，味道上講究酥、脆、鮮、嫩。京菜不追求怪誕，善於將普通的食物原料加工成鮮美的菜餚，如北京烤鴨、涮羊肉等。

北京烤鴨

涮羊肉

♣ 上海菜

　　上海是中國的商業經濟中心，融和了中西方飲食元素以及境內各菜系的烹調手法，以紅燒和生煸的方式最受歡迎，口味多重糖、色深且油濃。如蝦子烏參、冰糖元蹄、紅燒滑水等。

冰糖元蹄

紅燒滑水

(二)台灣地區飲食文化

　　1895年是台灣的飲食文化發展相當重要的分水嶺，1895年之前的在台漢人以閩南菜的飲食生活為主，在其後進入日治時代，當時的台灣料理被稱為「支那料理」，1907年《台灣慣習記事》中首次發現「台灣料理」的名詞，對在台的日人而言，「台灣料理」代表的是宴客菜；1915年台北大稻埕設立第一間以台灣料理聞名的餐廳「東薈芳」，其後陸續在台南成立「醉仙樓」、台北的「春風得意樓」；1949年後國民政府來台，掀起第三波的飲食革命。當時以「外省菜」為主流，來自大陸各省的榮民，紛紛奉上了道地家鄉菜，一些身懷絕頂廚藝的榮民，相繼在較熱鬧的地區推出拿手好菜，開起餐館做生意，也因此而改變了台灣原有的飲食生態，台灣料理繼而轉往北投那卡西餐廳和台式酒家繼續發展。傳統的台灣菜融合了福建菜、日本料理、四川菜、湖南菜和廣東菜等菜系長期累積成的，以本地的物產與氣候的特性形成一種以海鮮為主的清淡飲食，口味上講求「清、淡、鮮、醇」，使得台灣精緻的中華料理，成為國際觀光人士來台的重要理由之一。

台灣菜系發展與習慣

♣ 台灣菜

　　早期由福建漳州與泉州的移民定居台灣後，以閩南菜的飲食系統為基礎，結合當地的農作物逐漸發展出屬於台灣特色的料理。歷經多年的文化融合，台灣料理終於走出自己的路，形成一個獨特的菜系。台菜多以醬油、米酒、麻油與豆豉等為調味料，善用辛香料入菜，例如蔥、薑、蒜、九層塔、香菜、油蔥酥。如烤烏魚子、紅蟳米糕、佛跳牆等。烹調中講求爆香的程序，大火快炒保存食材的鮮度與營養。台灣雖小，但在南北的口味也呈現明顯的差異，南部的口味偏甜，烹調過程中習慣加入糖來提味，

而北部則以清淡為主。另外有別於海鮮料理，早期的農業社會中，「牛」是大功臣，因而多半的台灣菜系內不會安排牛肉的品項；在婚宴桌席中不可放入「蔥」（會耗元氣）和「鴨」（音同押），以避免牢獄之災。

烏魚子

♣ 外省菜

1949年國民政府接管台灣，來自中國不同省份的居民匯集在一起，帶來當地的料理與飲食習慣。當時以廣東菜、北平菜、上海菜、四川菜為趨勢，到1960年陸續開設大型的餐廳，如浙寧大東園菜館、中華協記餐廳等；1950年起的渝園川菜餐廳正式開幕，也掀起台灣川菜料理的新戰場。台灣目前尚有許多外省名菜流傳多年，例如北京烤鴨、酸菜白肉鍋、雲南過橋米線、山東饅頭等都屬於各地方的著名小吃。台灣匯集各路好菜，再繼續研發改良吸引許多國際觀光人士的青睞，使台灣一躍成為實至名歸的美食之國。

♣ 客家菜

客家人約在清朝末年（西元1696年）移民至台灣，以廣東梅縣的客

家人為主。來台後以山間為居開墾荒地，以苗栗、新竹、埔里、屏東、花蓮等地區為主。客家人勤奮刻苦，對於吃並不講究。在餚饌口味上著重「鹹」、「香」、「肥」三大特色，客家人喜歡吃鹹與肥，除了日常的農務工作需要補充鹽分與油脂維持體力外，更重要的是透過鹹的食物來搭配米飯，達到節省食物的目的。運用豬油拌炒紅蔥頭做成的蔥油，讓所以的料理提升香氣，達到「香」的目標。客家人對米食的點心稱為「打粄」，不論婚喪喜慶或敬天祭祖，都會應用到「打粄」，可說是發揮得淋漓盡致，產品多樣化。客家菜在蔬菜與肉類喜用「醃漬」或「封」的方式來烹調，同時善用醬料增加食物的變化，知名的客家料理如薑絲炒大腸、高麗菜封等。

客家紅粄

高麗菜封

❖ 原住民飲食

台灣居民以漢人為主，之外的便是南島語的原住民；依據行政院在2008年的統計，國內的原住民族共計有十四個族群，下列就十四個族群分別說明其飲食的習慣（圖2-1）：

圖2-1　台灣原住民各族群分布圖
資料來源：嘉義大學原住民發展中心網頁

1. 阿美族：分布在台灣東部，以花蓮縣最密集。以番薯、小米為主食，「炒芒筍」是阿美族的一道名菜。
2. 魯凱族：位於台灣高雄茂林和台東霧台，以小米為主食，其中以小米和糯米粉做成糕狀的「阿拜」，和以小米、糯米粉包肉製成的「吉拿富」是魯凱族人的最愛。
3. 排灣族：以芋頭為主食，喜歡鹽漬烏魚、飛魚。

4.布農族：以粟為主食，同時也以番薯和芋頭為食物。通常將玉米磨成粉做成柄或粽子食用。有釀製小米酒的傳統。

5.雅美族（達悟）：主食為水芋、清芋和番薯三種。雅美族人敬畏飛魚但也愛吃飛魚，3～4月飛魚季是相當重要的祭典。

6.卑南族：原以小米為主要農業作物，後來才引入水稻的栽種。族內的祭典環繞在小米身上，在播種期舉行「大獵祭」，7～8月「收穫祭」，利用小米祭拜山羌來完成除凶的祭典，稱為「羌祭」等都以小米為主體，可知小米在卑南族占有重要的地位。

7.泰雅族：接近前山的居民以陸稻為主食，後山的居民則以小米、玉米和甘薯為主食；用餐習慣以湯匙用餐或直接以手取食，有釀製小米酒的傳統。

8.賽夏族：賽夏人多從事農業工作，種植小米、雜糧為主。以米或小米煮成的軟飯為主食。早期賽夏人以手取食，後來隨著漢人飲食習慣的引入，開始改以筷子進食。平常只吃蔬菜煮湯，只有在狩獵或祭典時才食用獸禽的肉。

9.鄒族：阿里山是鄒族的發源地，又稱曹族。以小米為主食，善用竹筒盛裝食物，演變成至今知名的「桂竹筒飯」。

10.邵族：邵族位居日月潭，是人口數最少的一族。邵族是「刺蔥」

小米

芋頭

料理的民族,又名為「打當那」,料理時摘取刺蔥嫩葉裹麵粉油炸;另外,邵族人也喜好以鹽漬的方式製作奇力魚,成為傳統醬菜,現今多以油炸方式呈現。

11. 平埔族:平埔族原指的是台灣19世紀末,東北部和西部平原地區的族群,包含宜蘭的噶瑪蘭、淡水台北的凱達格蘭族等;平埔族雖已漢化,主食以米和番薯為主,但可以吃牛肉,這點與當時的福建廣東的飲食習慣大不相同。

12. 太魯閣族:主食以小米、玉米、甘薯和水稻為主,並有狩獵和捕魚等經濟活動,7月份搭配小米豐收舉辦祖靈祭。

13. 薩奇萊雅族:2007年由官方承認為第十三個原住民族,薩奇萊雅族位居花東縱谷北端,以小米為主食,保留傳統以手就食的習慣。

14. 賽德克族:分布在南投縣仁愛鄉的賽德克族,在2008年正式正名成為台灣原住民第十四族。賽德克族位於台灣中部與東部山域,主要的作物以小米和黍米為主。

桂竹筒飯

刺蔥

(三)日本飲食文化

　　日本的飲食方式又稱「日餐」、「和食」，是日本文化相當重要的一環。日本料理是日本人日常的傳統飲食，在江戶時代和明治時代（西元1586～1926年間）因為東西方食材交融所產生的衝擊，把新的外國料理加入本國特色融合，所形成的飲食文化和習慣。

　　在日本有「日本料理」、「中華料理」和「西洋料理」三大區塊。日本料理為主要的市場趨勢，主食以米飯為主，副食則以蔬菜和海鮮來呈現。「魚」相當受到日本飲食的喜好，如蒸魚、烤魚、炸魚片、魚片湯等，食用時一定要先將魚骨去除乾淨，因此多數的日本料理會選擇相當新鮮的鯛魚、鱸魚、金槍魚、沙丁魚等來做成「刺身」（生魚片），完全去除魚骨來呈現最原始的風味。節慶時常食用的傳統食物包括過新年的年糕、端午節的粽子、中秋節的月見糰子和舉辦喜事時的紅白饅頭。

　　整體來說，日本料理的烹調法以炒、炸、蒸為主，口味選擇上以清淡為宜、味鮮帶甜微辣。食材方面儘量以海鮮料理為主，避免選用鴨子和

刺身

七賢が五年の歳月をかけて開発し、満を持して十二月一日に解禁するスパークリング日本酒「山ノ霞」。

清酒

鴿子作為料理主材料，多使用雞蛋、海帶、紫菜、酸梅、醬湯等來設計進入菜單。至於，飯前、飯後一定少不了的茶品和啤酒，也是菜單項目的設計重點。日本人是東亞國家中對擺盤最重視考究的，杯盤樣式融合櫻花、楓葉、松樹、假山、扇子、和紙、正方形漆器盒子等，但忌荷花和梅花的圖案，也相當不喜歡綠色。設計桌號或價格時，儘量避免「9」和「4」兩個數字，以避免日本客人的不悅。日本料理中較有特色的代表包括壽司、刺身、清酒、便當、納豆、天婦羅、章魚燒、竹輪、蕎麥麵、牛丼、拉麵、烏龍麵，以及擺設得非常精緻的懷石料理等。

(四)韓國飲食文化

又稱「韓餐」、「韓食」、「朝鮮料理」等，泛指朝鮮民族的飲食文化。韓國料理有著陰陽五行的思想，即將「鹹、甜、酸、苦、辣」五味和「紅、綠、白、黑、黃」五色融入菜餚，重視桌擺滿盤的協調。

韓國人喜歡以炒、烤、煎、炸、蒸的方式來烹調，口味上較著重鹹、辣，善於使用麻油、醬油、蝦醬等調味，尤其普遍食用蒜。食材方面以牛肉、豬肉、雞肉和魚肉為主，冬令節日更喜愛香肉（韓國人稱為狗肉）來料理，不過韓國人並不喜歡羊肉和鴨子，因此在菜單設計上則儘量避免該項商品。韓國人非常喜歡吃米飯，蔬菜的料理也多半以涼拌或醃漬的方式來搭配，常見以白菜、蘿蔔、黃瓜等各食材發酵而成。香菜接受度相當低，只要是菜餚內含有香菜多數的韓國人都不會動筷。與其他飲食文化不同，湯在韓國料理中不是飯前或飯後的配菜，而是與主食一起食用的主菜，也可以直接將飯倒入湯碗吃。韓國料理中的湯一般放有肉或海鮮，常見的湯有參雞湯、大醬湯、泡菜鍋、純豆腐湯等。

韓國的餐桌禮儀與其他國家有很明顯的差異，盛米飯和湯的碗是不可拿起的。食用時應使用金屬的長柄匙來吃飯與喝湯，扁平的金屬筷子只用來夾菜，不用來吃米飯。喝酒時要相互倒酒以表示友誼和尊重，晚輩要幫長輩斟酒，並在長輩喝酒後晚輩才能轉身蓋住嘴飲

韓國醃漬小菜

韓國豆腐湯

酒。斟酒時一定要用右手拿瓶，左手要扶著右手以示尊重；接受者也要雙手捧杯，以示謝意。

(五)泰國飲食文化

泰國菜是中原菜、首都菜、泰南菜、蘭納菜與依善菜的組合，反映泰國五方不同的地理和文化，其中「泰南菜」，鄰近馬來西亞，調味多用椰奶、鮮薑黃；而「泰北菜」則因鄰近寮國菜，因此口味上多帶有青檸的香氣，且口感偏辣。此外，受到多年定居泰國的華裔影響，在飲食上出現潮州菜的食材，例如粥、貴刁（粿條）和海南雞飯等。

泰國以米飯為主食，尤其以茉莉香米為主，常見的「咖哩飯」就是泰國的代表佳餚。餚饌口味以酸、辣、鹹、甜、苦五味的平衡為特點。多使用魚露、辣椒、咖哩、椰奶等調味料和新鮮的香料，如南薑、酸子、香茅、青蔥、檸檬葉、九層塔、胡荽、紫蘇、薄荷葉等來提點菜餚的鮮味。魚肉和蔬菜、雞肉是副食材，用餐過程多搭配一、兩道泰式咖哩，一條魚或一些肉，一份湯，和一份沙拉，順序沒有什麼講究，慣以右手取食，左手只能用來拿一些他們認為的不潔之物。泰國人不吃海參，多半不喜歡紅燒或帶有甜味的醬汁，「牛肉」也是大宗泰國人拒吃的食材。

泰式貴刁

泰式咖哩

(六)美國地區飲食文化

　　地大物博的美國，因各區域獨具的地理環境、氣候變化、農漁畜產以及社會經濟、歷史傳承等因素，形塑出各地獨具風韻的飲食文化與習慣。美國飲食以英國菜系為基礎，再進而演進成為自己國家的菜餚。美國人相當重視各式慶典，如復活節、感恩節、聖誕節和新年等活動，對酒類飲品也相當重視，特別是雞尾酒或是威士忌。在這個民族大熔爐的國家，有著多樣性的飲食文化，包羅萬象的佳餚融合，創造出活潑新潮又富於變化的美式飲食生活。依據美國境內國人較為熟悉的區域料理分為四大類：

♣ 新英格蘭區（New England）

　　新英格蘭區的範圍包含美國東北角的麻薩諸塞州、康乃狄克州、新罕布夏州、佛蒙特州以及羅德島州，是美國歷史發展的源頭，也蘊孕出美國區域料理的基石。傳統的新英格蘭區多以燉煮的方式來呈現，擅長醃製與煙燻食品來延長食品的保存期限。至19世紀後，因大量的移民遷入融合，使得新英格蘭的料理呈現多樣的風貌，常見的有蛤蜊巧達湯、燉豆玉米肉、醃牛胸肉、佛蒙特起司等。

蛤蜊巧達湯

♣ 中大西洋區（Mid-Atlantic）

中大西洋區的範圍包括德拉瓦州、馬里蘭州、紐澤西州、紐約州、賓州。該區域因早期的荷蘭、德國與英格蘭移民，而呈現出飲食與烹飪技巧交互激盪與融合當地食材的特色。紐約是一個人文薈萃的都市，同時也是多元飲食文化的代表都市。早期紐約市著名的飯店主廚所創造的菜餚，儼然已經成為最具美國文化代表的菜色，如華爾道夫沙拉、青蒜洋芋奶油冷湯、火燒冰淇淋、班尼迪克蛋堡等。

華爾道夫沙拉

♣ 南方區（Deep South）

南方區的範圍包括北卡羅萊納州、南卡羅萊納州、喬治亞州、密西西比州、阿拉巴馬州、田納西州、肯塔基州以及阿肯色州。由於該地區多數居民為印地安、歐洲原住民以及非洲裔黑人，因而飲食習慣與前兩州大不相同。整體來說，豬肉、玉米和雞肉是南方菜的代表，著名的有豬肋排、肯塔基什錦濃湯等。

♣ 佛羅里達地區（Florida）

佛羅里達半島位於美洲的南端，四季氣候溫暖。早期的法國與西班牙先後統治的歷史，造就今日獨特的佛州加勒比海料理，亦被稱為新紀元料理（New Era Cuisine）。常見的有古巴雞肉飯、佛羅里達萊姆派、焦糖蛋乳凍等。

豬肋排

焦糖蛋乳凍

♣ 加州菜

加州由於移民人口眾多，融合不同國家的特色結晶，口味上近似義大利菜，烹調手法又趨近於法國菜，呈現的方式相當自由隨性，創新度最

高。絕對講究自然健康，取用當季當地的新鮮原味原料來製作。

♣ 紐奧良菜

曾為法國殖民地的紐奧良，著重於蔬果和海鮮食材與香料的運用。其中以都市菜和鄉村菜深植人心，「都市菜」口味較辛香厚重，「鄉村菜」口味偏重且濃郁香辣。

紐奧良雞翅

♣ 夏威夷菜

夏威夷為太平洋島嶼，融合了玻里尼西亞、日本、中國以及葡萄牙等特色。以海鮮與豬肉等為主要的料理，並搭配當地特有的水果沾醬呈現出豐富的變化。

整體來說美國菜以生、冷、淡為主流，「生」代表多食用生菜；「冷」代表多以冷菜居多，如速食餐點、三明治、排餐類，較不常見熱燙的湯品或菜餚；「淡」是指在烹調時不添加過多的調味料，在上桌後由顧客自行添加鹽和胡椒。美國人的飲食口味多半喜歡略鹹帶些甜味的菜餚，過辣或過油的部分都不能夠被接受。飲料在美國人的飲食習慣中占有極為重要的地位，用餐時多半會選擇搭配飲料，如礦泉水（冰）、汽

水、果汁、葡萄酒、啤酒等,因此飲料的設計與供應就成了餐廳營運重要的一環因素。 美國人不吃肥肉、海參、帶頭或帶尾的菜、部分動物內臟,「蒜頭」也是會讓美國人望之卻步。

(七)英國地區飲食文化

英國人口味和美國人相似,在烹調法上多使用燒、烤、焗、燴的方式,幾乎不太使用酒。英國人每日有早餐、午餐、午後茶點和晚餐共四個餐次,對於早餐相當重視,尤其以早午餐(Bruch)聞名;午後茶點則在下午四時至五時,以咖啡或濃茶搭配蛋糕、餅乾或三明治;晚餐則是最講究豐盛的一餐。英國人喜愛吃泥狀的魚肉,或是將蔬菜與肉塊燉煮成一鍋Casserole。著名的英國菜餚有愛爾蘭燉羊肉、燒烤牛肉、英式炸魚片等。英國人相當忌諱百合花,因為這意味著死亡之意。

英式三層下午茶

英式炸魚薯條

(八)法國地區飲食文化

　　法國的飲食文化在歐洲地區可稱是潮流指標，相當講究選料、裝飾、擺盤、新鮮度。對於法國人而言，美食與美酒是生活的一切，而法國料理更是美味、享受與奢華的代名詞。1903年奧古斯都·艾斯克菲爾（Georges Auguste Escoffier），將法國當時新舊菜單整合，系統地進行菜式與配方的分類，其著作《法國菜的烹調》對現今法國料理影響最大，被公認為古典菜餚的典範。法餐烹調手法多採用輕煎慢燉、醬料分明，完全呈現出食材的本質，以酒佐餐、以酒調味。餐點中也不乏見到一些新奇的食材，如松露、田螺、鵝肝、魚子醬、蚯蚓與鳥類等，配料方面則大量使用牛油、鮮奶油及各式香料。「奶酪」是法式料理中相當重要的甜品代表，是飯後必出現的種類。另外，享用法國料理時一定會搭配葡萄酒，依照不同的餐點搭配適合的酒款。常見的法國料理有紅酒燉牛肉、勃根地烤田螺、鵝肝、牛排等。

魚子醬

勃根地烤田螺

(九)義大利飲食文化

　　義大利菜的歷史悠久，自文藝復興時代即開始重視起烹製技巧。其烹飪技術和餐點在國際上具有崇高的聲譽，堪稱世界四大料理之一；義

大利菜多半使用燴、燜、炒與燒烤來烹製，對於菜餚的口味偏好濃郁、軟爛、原汁原味，喜歡與配料一起烹煮。義大利人很喜歡麵、飯類製品，在境內光是義大利麵的種類就可以高達兩百多種，依照外型可分成寬麵（Lasagne）、細麵條（Spaghetti）、通心麵（Macaroni）、寬雞蛋麵（Tagliatelle）、餃子（Ravioli）等；2004年5月義大利政府正式頒布披薩的製作規範，從麵粉、酵母、油、番茄等進行規定，以保障國寶「拿坡里披薩」的品質。

義大利的乳酪最早由希臘人引進，目前發展多達五百多種；葡萄酒也是義大利人用餐時相當重視的環節，境內的葡萄酒莊就高達一千多間。由此可見義大利人用餐時喜歡舒適自在的氣氛。主要的名菜有通心粉、義大利餃、披薩等。

義大利餃

義大利披薩

(十)西班牙飲食文化

西班牙人天生熱情好客、注重朋友聚會的生活，因而國內的酒吧與餐廳林立。飲食習慣除了傳承羅馬的正統文化外，也逐漸融合北非與中東的烹飪精華。西班牙人一整天的用餐期可以分為早餐、點心、午餐、小吃與晚餐，一天當中最重視午餐，多半於下午二時至四時用餐；晚餐約在八時

開始直到半夜，多數的西班牙人會到酒館或酒吧吃個小吃與朋友交際聚會後再享用晚餐。西班牙依半島地形可以簡單的劃分成為四大烹飪地區：

♣ 西班牙北部

範圍包含巴斯克、坎塔布里亞、阿斯圖里亞斯和加利西亞，北部的烹飪區因鄰近大西洋，生產量豐質美的海鮮，烹調手法多半使用煮、燉的方式來鎖住海鮮的鮮甜，聖地牙哥的聖地牙哥蛋糕是當地相當傳統的甜點，而巴斯克菜更是被公認為西班牙美食之最。

♣ 西班牙中部

範圍含括馬德里、塞哥維亞、拉曼查，該地區以盛產世上最貴的香料「番紅花」並入菜而聞名，被視為與黑松露、鵝肝、魚子醬世界三大美食並列的頂級食材，又有「香料女王」的稱謂。該區仍以燉菜為最具特色的烹調技法，常見的有香煎中卷、紅酒燉鵪鶉等。

♣ 西班牙東部

範圍包含加泰隆尼亞、瓦倫西亞和東部的島嶼。東部最受到注目的

香煎中卷

西班牙海鮮飯

是瓦倫西亞地區的西班牙海鮮飯，以及加泰隆尼亞區的番茄麵包等，充分運用當地的食材來烹製的菜餚。

♣ 西班牙南部

西班牙南部的安達盧西亞是西班牙地方風情最濃厚的區域，融合了摩爾人與吉普賽人的多元風味，運用油炸的烹調技術將海鮮的鮮味充分展現。在安達盧西亞也是生火腿的產地，食用時多半會搭配一杯不甜的雪莉酒。此外，到了夏天當地的溫度可達45℃左右，因而發展出蔬菜涼湯作為主菜。

(十一)德國飲食文化

德國北方瀕臨北海，其餘皆為內陸地區，因而德國餐點多半的食材以豬、牛、羊等肉類為主，並且搭配德國人的主食「馬鈴薯」。德國人踏實率真的民族性反映在飲食上，食物講求真材實料且相當重視分量，常被形容成是一個「大口吃肉、大口喝酒」的民族。德國當地以豬腳和香腸最受到國際間的注目，平日的生活以豬腳、香腸和麵包為主要的飲食元

素。國內的肉品加工產業相當發達，當地人以臘腸（Bockwurst）、牛肉臘腸（Rindswurst）和沾有咖哩粉的臘腸（Currywurst）最著名，其種類琳瑯滿目約有三百多種。烹調過程受到法國菜的影響，喜愛使用香料入菜。另外一提，德國的啤酒文化也是德國飲食習慣中不可缺少的一環。

德國豬腳

德式香腸拼盤

德國啤酒

(十二)紐澳飲食文化

紐（紐西蘭）澳（澳洲）地區的環境自然、水質乾淨，所盛產的蔬果、海產以及肉品的品質都是受到肯定的。在當地融合了原住民火烤、水煮，英式的鹽烤與清蒸，中國人的炒、炸，義大利的烤與生食的烹調手法，並將烹調手法與香料使用的概念融合，不斷的推陳出新各種多元料理，也是紐澳飲食的寫作。

炭烤牛排

三、宗教飲食習慣

宗教與飲食習慣有著密不可分的關係，人們會透過祭祀獲聖禮的過程達到與神溝通的境界，尋求心靈上的平和；各個宗教的起源、發展背景不盡相同，在飲食上也各有不同的發展，進而豐富了飲食文化的樣貌。下列將針對不同的宗教來探討飲食的內涵及所影響的習慣。

(一)佛教（Buddhism）

佛教是世界三大宗教之一，緣起於西元前6世紀的古印度。漢明帝永平十年（西元67年間），迦葉摩騰與竺法蘭以白馬馱經像來華，正式將佛教傳入中國，在當時戒律中並無齋食的規定，僅以「三淨肉」為宜（未見其殺、未聞其殺、不為己殺的肉）；魏晉南北朝佛教盛行，以大乘佛教為主流推行「反對食肉」、「反對飲酒」、「反對五辛」的條文，梁武帝頒布《斷酒肉文》詔，自此正式進入了佛教齋食的文化。

「齋食」，現在是素食的代稱。齋食原為宗教術語，對於原始佛教來說，吃齋主要是講過午不食（上午十一時到下午一時直到次日黎明都不再進食），吃的內容是什麼則無所謂。不管是吃素也罷，吃葷也罷，只要是過午不食就算是吃齋了。現今對於齋食的定義則著重在「素食」，其定義為，不吃「葷」（動物性食品、蔥、蒜和韭菜、洋蔥等辛香味食物）；二是，不飲酒。多數的佛教信徒多會選擇大豆、黃豆與其他豆類製品，來補充蛋白質的攝取量。

(二)基督教（Christianity）

基督教誕生於西元1世紀的黎凡特地區，最初為猶太人的一個教派；在飲食上沒有太多禁忌。只有在耶和華箴言內有規範：不允許酗酒，所吃的肉類食品必須將動物屍體的血液完全去除，不可吃帶有血的食品（如豬血、鴨血、豬血糕），同時不吃祭拜過的供品；基督教承襲了猶太教的傳統，認為食物皆由上帝所賜，因此用餐前須以禱告方式，懷抱感謝之心來回報上帝賜予的恩典。

(三)印度教（Hinduism）

印度教被稱為世界上「最古老的宗教」，是世界主要宗教之一。印

度特定的社會階層從屬關係,在印度教的組成中依然有著深遠的社會影響。等級制度的原則是,所有生物從出生之日起,根據任務、權力、責任和能力,嚴格地相互區分,印度社會將人種分為五個社會層級與種姓,一世不能改變。

第一級:婆羅門,是祭司,知書達禮,排斥暴力,而且茹素。

第二級:剎帝利,屬於統治者與武士,強壯勇猛,喝酒吃肉。

第三級:吠舍,是商販,精明練達。

第四級:陀羅,不讓人討厭,但是有些低下。

第五級:賤民,被認為是鄙陋粗俗的一群。

印度教在用餐前須淨身,飯後要洗手漱口。進餐時用右手抓食,但嚴禁飲酒與吃牛肉和豬肉,只吃魚和蔬菜類。

(四)伊斯蘭教(Islam)

又稱「回教」,與佛教、基督教並列為世界三大宗教之一。西元7世紀初興起於阿拉伯半島,其使者為先知穆罕默德。中國舊稱天方教、清真教或回教。伊斯蘭教信仰「真主阿拉」,飲食上禁止吃不潔之物,如豬肉、狗肉、驢肉、馬肉、兔肉、無鱗魚以及動物的血,同時禁止飲酒。

(五)猶太教(Judaism)

西元7世紀由摩西創立的猶太教,信奉主神耶和華為萬能的上帝。飲食禁忌相當嚴謹,肉類必須是偶蹄和反芻動物,不吃豬肉;魚類必須選擇有鱗和鰭,水生貝類為禁食範圍;肉類與乳製品不可同時進食,須間隔六小時以上;逢贖罪日及阿布月齋日,全天禁食。

(六)天主教（Catholic）

天主教徒在星期五忌吃牛、羊肉或家禽；在復活節前的第七個星期三以及受難節，僅允許進用一次少量食物和兩次少量的餐點，全天忌吃肉類與酒。

(七)摩門教（Mormonism）

摩門教是由基督教分化出來的教派，在飲食習慣上禁用酒精、茶和咖啡，大多數的摩門教徒還禁止飲用可樂、巧克力等含有咖啡因的食品。

四、菜單與用餐習慣的關係

菜單的規劃設計不能只考慮業者的層面，而是要針對市場顧客的需求，包含市場顧客的飲食文化、飲食習慣、生活背景與禁忌，這樣的菜單才能夠受到顧客的青睞與歡迎。曾經有間在台灣相當受到歡迎的韓國餐廳為台灣的新人準備一場婚宴典禮，依照韓國婚宴的佈置色調以及習俗是以白色為基調。整場的垂幔、桌巾、鮮花幾乎都是白色系列營造出神聖純潔的浪漫的氛圍，然而到了婚宴當天，與會的賓客個個露出驚訝的面容，紛紛離去，讓韓國餐廳的老闆百思不得其解。經過友人提點後老闆才明白，這樣的色調佈置會讓台灣人認為是不吉利的象徵。雖然慘賠許多金額但也從中習得菜單的設計和佈置與文化的關係。

一位從台灣移民到美國舊金山的友人，在中國城開設了一間大腸麵線小吃店，大受好評，各大媒體爭相報導。幾年後開始展開拓店計畫，其中一個計畫拓點到普列森頓（Pleasanton），開店後一週內乏人問津，每週的來客數不到十位。因為老闆疏忽掉該區域的居民多數以白人為主，飲

食習慣上不喜歡吃內臟的禁忌。日後老闆針對這一點修正了菜單內容,將原先的大腸改為蚵仔與肉羹,果然又再度吸引顧客上門消費。若菜單受到顧客的排斥,餐廳的經營就將面臨到重大的挑戰。因此,餐廳的全體員工包含企劃者、設計者、研發者、生產者以及服務者,都必須確實瞭解與學習客源地的飲食習慣以及禁忌愛好。

Chapter 3

菜單的結構

　　菜單是餐廳最重要的商品目錄。廚房人員根據它來準備食物材料，服務人員則以它為中心，來進行各項招待工作，以帶給客人滿意的服務，而顧客也要依賴菜單，才能正確地選擇自己喜愛的食物，所以認識菜單是餐飲經營者的責任之一。想要瞭解一份完整的菜單內容，首要步驟是掌握菜單的結構，因為菜單項目有一定的排列順序，本章將探討中餐菜單、西餐菜單及飲料單的分類架構。

一、中西式菜單命名

　　一份製作精美的菜餚，必須搭配適當的名稱，其目的是讓廚師依照顧客所點的菜供應正確無誤的菜色，一方面也能增加顧客對餐廳內各項食物飲料的瞭解，所以菜單的命名相當重要，本節擬將中式菜單與西式菜單的命名方法加以陳述。

(一)中式菜單命名

　　中國菜系博大精深，飲食文化歷史悠久，可以追溯至先秦時代，菜單的內容琳瑯滿目，配菜的方法亦不勝枚舉，久而久之，形成了各種不同口味及蘊含當地特色的菜式，以下針對中式菜單的命名原則加以介紹說明：

♣以人名命名

　　因某人聞名而流傳後世，菜名乃依照他們的名字來命名，例如：

1.西施舌：春秋戰國時期，越王勾踐滅吳後，他的夫人偷偷地叫人騙出西施，將石頭綁在西施身上，爾後沉入大海。從此沿海的泥沙中便有了一種似人舌的文蜊。大家都說這是西施的舌頭，所以稱它為「西施舌」。是閩南菜的代表。

西施舌

東坡肉

2. 東坡肉：源自蘇軾的〈豬肉頌〉內寫道：「淨洗鍋，少著水，柴頭
（古時大灶燒柴火）罨炳（掩埋、覆蓋）焰不起（意思是控制火候
不可過旺）。待它自熟莫催它，火候足時它自美。黃州好豬肉，價
賤如泥土。貴人不肯吃，貧人不解煮，早晨起來打兩碗，飽得自家
君莫管」。訴說在杭州地方的豬肉物美價廉，有錢人已經吃膩，但
窮苦人家還是求之不得。蘇東坡在烹調時用小火長時間燜煮仍舊非
常可口；蘇軾又名「東坡」，而「東坡肉」其實就是紅燒豬肉，用
的部位是豬的前腿肉，也就是俗稱的「夾心肉」，用陶鍋或砂鍋細
火慢煨至其軟爛入味。從宋朝至今其烹調方法也按地方而有所不
同，在杭州城內有間老店「天香樓」已經開張三百多年，清朝乾隆
皇帝非常讚賞，歷代的富賈顯紳也讚不絕口。

3. 李公雜碎：傳說清朝直隸總督兼北洋大臣李鴻章有位好友名為吳繼
善，在一場招待宴席上以家常菜贏得李鴻章的青睞。吳夫人尷尬回
答「不是什麼有名的菜，只是把材料雜雜碎碎的混和煮熟而已」，
後續此道菜變成為「雜碎」；西元1896年，李鴻章擔任特使訪問歐
美時，因長期身處海外，對於西方的飲食頗不習慣，據說每一餐都
會有「雜碎」這道菜，甚至宴席上也會出現。至今歐美人士還把中

李公雜碎

宮保雞丁

式料理稱為「雜碎」（Chop Suey），從此這道菜就命名為「李公雜碎」。吳繼善後來在南京開了一間「鴻興酒家」餐廳以「雜碎」為招牌，永久紀念好友李鴻章。

4.宮保雞丁：相傳宮保雞丁是清朝光緒年間的署理四川總督丁寶楨所發明，是他招待客人時叫家廚煮的菜餚。由於丁寶楨後來被封為太子少保，所以被稱為「丁宮保」，而這道菜亦被稱為「宮保雞丁」。亦有人說「宮爆」是指一種料理方法，也有人說「宮保」是發明這道菜的廚師的名字。宮保雞丁的主料是雞肉，輔料為花生、黃瓜、蔥段以及香辛料。

5.左宗棠雞：左宗棠是一位清末的名將，在戰事中頻頻立功的他，曾任欽差大臣，十分受到世人的景仰！而左宗棠最愛吃香辣的雞丁料理；據說有一回左宗棠打了勝仗，回家後他的夫人以油炸、熱炒的方式，烹煮了一道雞丁料理，左將軍一吃就愛上了，並且請夫人做了大份量的雞丁料理，與一起打仗的將士官兵共嚐，以此慰勞大夥的辛勞；從此之後，每回打勝仗，左將軍必以此佳餚犒賞將士官兵，因此這道菜便以他的名字命名，稱為「左宗棠雞」，也有人叫做「左將軍雞」或「左公雞」。這也是湖南菜系的代表佳餚。

左宗棠雞

麻婆豆腐

6.麻婆豆腐：發源地起自四川成都北門外萬福橋頭旁的「陳興盛」飯鋪，店鋪的老闆娘「陳麻婆」。當時的萬福橋頭是油商運油的必經處，許多的腳夫都會在陳興盛飯鋪打牙祭。某日陳麻婆就近利用手邊的辣椒、豆豉、豆瓣醬、青蒜、花椒末和黃牛肉末，燒了一道麻辣鮮香的豆腐佳餚，搏得滿堂稱讚，隨後「陳興盛」的飯鋪便將店面擴充，掛起了「陳麻婆豆腐店」的招牌，從此將其命名為「麻婆豆腐」。至今四川成都城市內到處可見「陳麻婆豆腐」餐廳的招牌，2003年開起第一家旗艦店，代表陳麻婆的特色。

❖ 以地名命名

　　引用某個地名來為菜單命名，用地名命名時，所做出的菜一定要符合當地的特色與風格，包含有下列介紹的菜名之外，還有成都子雞、徐州啥鍋、西湖醋魚、無錫肉骨頭、山東大滷麵等知名的菜色。

1.萬巒豬腳：萬巒豬腳是台灣的著名小吃，源自屏東縣萬巒鄉，選用豬前蹄部位，並保留豬腳筋，經過除毛、汆燙、冰鎮後，再加入八角、桂枝等數十種中藥材滷製而成。據傳1981年時，總統蔣經國曾

山東大滷麵

萬巒豬腳

　　至屏東萬巒舊市場內視察，曾前來海鴻飯店品嚐豬腳，也為萬巒豬
　腳打響知名度。

2.台南擔仔麵：「擔仔」即台語（閩南語）「挑肩擔」之意，是一種
　發源於台灣台南的小吃，被台南市民稱為「國寶」。麵食的主要成
　分為麵條或米粉、豆芽菜、香菜、蒜泥、五印醋、蝦仁、少許湯汁
　以及獨門肉燥。

台南擔仔麵

3.南京板鴨：緣起於南北朝時代，梁武帝建都南京時，適逢兵荒馬亂。百姓便將肥鴨加上佐料煮熟後，捆壓成板狀便於攜帶，於是稱為板鴨；清朝乾隆年間，板鴨成為每年進貢皇室的貢鴨；經壓製的鴨子頸能直立不彎，胸膛突出，全身呈橢圓。肉質酥爛細膩，香味濃郁，有「干、板、酥、爛、香」之美譽。

4.北京烤鴨：北京烤鴨是在南京燒鴨的基礎上發展而來，分為「掛爐烤鴨」與「燜爐烤鴨」兩大流派，成為元、明、清歷代宮廷御膳珍品。選取優質肉食鴨、北京鴨，果木炭火烤製，色澤紅潤，肉質肥而不膩，成為具有世界聲譽的著名菜式。

南京板鴨

北京烤鴨

❧ 以材料命名

1.以主料到配料的名稱命名：如蚵仔卷、蝦仁鍋巴、蟹黃菜心、干貝蘿蔔球等。

2.以配料到主料的名稱命名：如青椒牛肉、銀牙雞絲、腰果蝦仁、糖醋排骨、荷葉豆腐等。

蝦仁鍋巴

青椒牛肉

♣ 以形狀命名

以食物的形狀配上主要的材料加以命名，常見的有珍珠魚、荔枝肉、枇杷蝦、鳳還巢、木筆冬筍、芙蓉豆腐、珍珠丸子等。

♣ 以色彩命名

利用食材的顏色命名，如三色蛋、炒四色、雪花雞、五彩蝦仁、四色湘蔬、三色冷盤等。

枇杷蝦

五彩蝦仁

♣ 以調味料命名

以調味的醬汁搭配主要的材料來命名，常見的有蒜泥白肉、酸辣湯、鹽酥雞、鹽酥蝦、怪味雞、紅油腰片、糖醋黃魚、酸辣墨魚、椒麻蝦球、茄汁明蝦、蜜汁火腿、奶油白菜等。

♣ 以烹飪方法命名

按照食物材料的製作方法及技巧來命名，如清蒸魚、烤素方、燴四色、蔥爆牛肉、鹽焗中蝦、煙燻鯧魚、乾燒明蝦、醬爆雞丁、紅燒甲魚、酥炸桃仁、涼拌海蜇、稀滷蹄筋、蔥燜鯽魚等。

鹹酥雞

清蒸魚

♣ 以盛放器皿命名

以盛放烹調食物的用具加以命名，常見的有砂鍋魚頭、什錦火鍋、竹節鴿盅、鍋燒河鰻、竹筒飯等。

砂鍋魚頭

♣以吉祥用語命名

在一些特殊的場合中，如婚禮、祝壽、慶生等宴請酒席中，為了慶祝喜訊而將菜單名稱加以美化，求取吉祥之意，希望藉此博取好彩頭，在此類菜單中常見的有花好月圓、百鳥朝鳳、龍鳳串翅、遊龍戲鳳、步步高陞、金玉滿堂等。

♣以菜餚諧音命名

為了迎合顧客喜慶之場合，菜單設計者會引用食物材料諧音，來帶動會場氣氛，例如在喜宴上供應紅棗蓮子湯，借紅棗的「早」和蓮子的「連」和「子」的諧音，藉以比喻新婚夫婦早生貴子、圓滿幸福；過年時的年糕，取其「高」的諧音，期許步步高陞之意。

(二)西式菜單的命名

西式菜單一般以食物的口味、材料、產地、顏色、部位、外形、烹調方法、供應溫度及組織特徵來命名，茲說明如下：

♣ 以口味命名

由菜單上的命名，就可以知道食物的味道及所使用的調味用品，例如：

1. Sweet-Sour Pork（酸甜豬肉）。
2. Sour Apple Pie（酸味蘋果派）。
3. Snails Chilli Sauce（辣味螺肉）。
4. Barbecue Chicken（野味燒雞）。

♣ 以材料命名

寫明菜餚所用的材料，以這些材料來命名，例如：

1. Shrimp Toast（蝦仁土司）。
2. Cheese Cake（起司蛋糕）。
3. Seafood Salad（海鮮沙拉）。
4. Clear Clam Soup（蛤蜊清湯）。
5. Cream Chicken Asparaguses Soup（奶油雞肉筍湯）。

蘋果派

海鮮沙拉

♣ 以食物產地命名

依照食物的源或產地特色來命名，例如：

1. French Omelet（法式蛋捲）。
2. Swiss Steak（瑞士牛排）。
3. Italian Macaroni（義大利通心麵）。
4. Frankfurter Sausage（德國香腸）。
5. Hawaiian Chicken Teariyaki（夏威夷雞肉串）。

♣ 以食物色彩命名

寫明食物的顏色，讓顧客對菜餚有更深切的認識，例如：

1. Black Red Caviar（魚子醬）。
2. Black Bean Soup（黑豆湯）。
3. Angel Cake（天使蛋糕）。

德式香腸

天使蛋糕

♣ 以食材部位命名

利用動物或植物的某些部位來烹調各式不同口味的菜餚,菜單命名
就是依循所使用的部位等級來定義,例如:

1. Filet Mignon（菲力牛排）。
2. Potage Oxtail（牛尾濃湯）。
3. Roast Sirloin of Beef（爐烤沙朗牛肉）。
4. Crab Meat Chowder（蟹肉巧達湯）。
5. Barbecue Chicken Wing（野味雞翅）。

♣ 以食材外形命名

根據材料的切割形狀,將菜餚加以命名。例如:

1. Cabbage Roll（包菜卷）。
2. Diced Carrot（方塊紅蘿蔔）。
3. Ribbon Sandwiches（條狀三明治）。
4. Shredded Tomato Salad（細片番茄沙拉）。

爐烤沙朗牛肉

條狀三明治

✤ 以烹調方法命名

依照食物的製備方式及烹飪技巧來命名,例如:

1. Fried Chicken(炸雞)。
2. Scrambled Egg(炒蛋)。
3. Baked Potato(烤馬鈴薯)。
4. Onion Au Gratin Soup(焗洋蔥湯)。
5. Ham & Egg Fried Rice(火腿蛋炒飯)。

✤ 以供應溫度命名

寫明食物的溫冷程度,用溫度來加以命名,例如:

1. Assorted Cold Cut(什錦冷盤)。
2. Chilled Apple Juice(冷藏蘋果汁)。
3. Hot Cranberry Juice(熱小紅莓)。
4. Hot Tomato Bouillon(熱羅宋肉汁濃湯)。
5. Clam Meat Cocktail Sauce(冷醃蛤蜊)。

焗烤馬鈴薯

熱羅宋湯

♣ 以組織特徵命名

依照食物的特徵及組織狀況加以命名，例如：

1. Creamed Mushroom（奶油洋菇）。
2. Mixed Fried Rice（什錦炒飯）。
3. Corned Ox Tongue（醃牛舌）。
4. Breaded Fried Prawn（粉炸明蝦）。
5. Smoked Filet of Fish（煙燻香魚）。

奶油洋菇

二、中餐菜單的特色

中餐菜單變化多端，菜餚項目十分豐富，因此在設計一張合適的中餐菜單之前，餐廳人員必須對菜單結構及餐桌擺設有深切的瞭解，才能提供正確且完善的餐飲服務。

(一)中餐菜單的結構

我們在日常生活的飲食習慣上，並不會拘泥於任何特定的配菜規矩，但是在宴會酒席裡，菜單則有一定的模式。由古代的文獻記載得知，當時的菜單結構與現代宴席菜單相去甚遠，有著很大的差異，尤其是近幾年來，中餐受到西方潮流的影響，產生莫大的衝擊，進而改變人們的飲食方式。

♣ 古代宴會菜單

我們發現在明代晚期的文獻中，曾經記載元代與明代的普通宴會菜單，這種菜單只限於「五果、五按、五蔬、五湯」。

1.五果：係指五種水果。
2.五按：係指五種魚肉類。
3.五蔬：係指五種蔬菜。
4.五湯：係指五種羹湯。

♣ 現代宴會菜單

現今一般的宴席平均以10～12人為一桌，每桌提供12～14道菜餚，所有菜色主要是由冷盤、熱炒、主菜、甜菜、湯類、點心、水果等七組項目構成。

1.冷盤：又稱為冷拼、冷碟、冷葷、拼盤、涼菜或開胃菜。具有開胃佐酒之功用，需在開席前放置於餐桌上，數量可以是一盤、二盤、三盤或四盤，格局沒有一定的限制。因為份量較少的關係，如果能同時將準備妥當的冷盤一起擺在桌上，比較不會給人單薄的感覺，也有助於顯現這些開胃菜的色香味。一般而言，冷盤造型優美，色調豔麗，層次多變化，圖案非常立體逼真，主要的目的是增進顧客

食慾，亦可作為飲酒之配料，實為不可多得的下酒菜。宴席中的冷盤一般多為「什錦拼盤」、「花色冷拼」、「雙拼」、「單拼」等。

2.熱炒：亦稱為熱菜或熱葷。餐廳通常提供二至四道熱炒，是宴席中不可缺少的項目之一，熱菜口味變化多端，造型引人入勝，可以用來配飯或飲酒，多以煎、炒、烹、炸、爆等快速烹調方法製成，受到許多顧客的喜愛。

綜合拼盤

雞柳爆尖椒

3.主菜：是宴席中最重要的組成部分，缺少主菜，便無法突顯此次宴席的舉辦性質及目的，也不能算是一份完整的宴席菜單，由此可知，主菜是宴席菜單的重頭戲，更是宴席菜單的精華所在。主菜內容包括乾貨、海鮮、禽肉、畜肉、素菜及魚類等六個項目。

(1)乾貨類：菜色以南北乾貨為主要材料，如魚翅、海參、鮑魚、干貝等。在宴會菜單中常見的有「原盅排翅」、「大燴海參」。

(2)海鮮類：用魚以外的其他海鮮產品為主要材料，如蝦、蛤蜊、花枝、蟹肉等，其中以蝦最為流行。在宴會菜單中常見的

原盅排翅

香酥乳鴿

有「鳳尾明蝦」、「鮑魚三白」。

(3)禽肉類：以雞、鴨、鵝、鴿為主要材料，在宴會菜單中常見的
　　有「八寶全鴨」、「香酥乳鴿」等。

(4)畜肉類：以豬、牛、羊為主要材料的菜餚，在中餐菜單中常可
　　見到「紅燒蹄膀」、「燒牛腩」、「金沙排骨」等。

(5)素菜類：以蔬菜或豆類製品為主要材料的菜餚，在中餐菜單中
　　最常見到「三色白菜」、「蠔油杏鮑菇」等。

(6)魚類：以海水魚或淡水魚為主要材料，魚類出菜順序放在後面

燒牛腩

蠔油杏鮑菇

松鼠黃魚

拔絲甜點

的原因是取其諧音「年年有餘」之意，希望用餐者皆能藉此感
染吉祥氣氛。但上海菜亦有於中途出魚的習慣，是受到西餐出
菜順序影響所致，不過有些廚師喜歡將魚提前供應，避免客人
在吃飽之際才出魚，而發生吃不到一半就停筷的情形。

4.甜菜：甜菜在宴席中所占的比重雖然不大，但仍不可缺少此類菜
餚。一般常利用凍晶、掛霜、蜜汁、拔絲等方法製成，是爽口、解
膩的佳品，餐廳可以準備一至二盤甜菜，供客人品嚐。

5.湯類：中國人吃飯總要有湯，否則會有不足之感，所以湯在筵席中
占有相當重要的地位，不可缺少。每當我們吃完一頓豐富的佳餚
後，若能即時喝上一兩口鮮湯，一種清口潤喉、通體舒暢之感油然
而生，實在是人生一大享受。宴席上所準備的湯品強調清淡鮮美、
香醇利口，尤以清湯為佳。

6.點心：點心是主菜的配角，隨主菜上桌，通常是一些糕、粉、糰、
麵、餃、包等製品。餐廳對於點心的製作要求非常高，一般都以精
緻細膩著稱，甚至在某些高級宴會場合還會配製花色點心，將點心
做各種巧妙變化，圖像惟妙惟肖。一般而言，一桌筵席可配二道點
心甚至更多，餐廳可視宴會主人的喜好而予以彈性增加或減少。點

八寶甜糕

心可分為兩種，一是甜點心，二是鹹點心。

7.水果：愈來愈多的宴席場合備有水果，方便客人在所有食物用畢之後，吃些水果來幫助消化，因為水果具有解膩、清腸、利口、潤喉及解酒等作用。

♣ 中餐上菜的習慣

宴席菜餚上桌的順序，因各地的習慣而不盡相同，但一般普遍的作法仍是依循下列六項原則：

1.先冷盤後熱炒。
2.先菜餚後點心。
3.先炒後燒。
4.先鹹後甜。
5.先味道清淡鮮美，後味道油膩濃烈。
6.高檔菜餚先上，普通的後上。

(二)中餐餐桌的擺設

所謂餐桌擺設（Table Setting）是指客人所使用的餐具擺放在餐桌上的設置情形。每種菜餚會使用各種不同的餐具，所以餐廳服務人員應熟記各式特殊餐具的作用，才能為客人提供最佳的服務品質。中餐廳的服務中常見有小吃部與宴席兩種型式，由於服務型態上的差異在餐具擺設上也有不同；進行餐具擺設前應先將備品數量備齊，並先檢視確認無汙損或破損，如此才能讓工作更加順暢。

中式餐桌擺設

♣骨盤

1.作用：放置骨頭或碎屑的盤子，可作為定位用。
2.位置：骨盤置於座位的正中央，距離桌緣1公分之處；圓桌12人的桌席骨盤的定位順序，以12點鐘方向為先，6點鐘方向次之，再來是9點鐘與3點鐘，最後再依順時針方向擺放。
3.拿法：拿骨盤時，應該用拇指扣住盤緣，其餘四指置於盤底，勿將拇指伸入盤內。

4.距離：餐桌上所放置的骨盤，間距必須相等，標誌或花色對正。

♣ 味碟

1.作用：提供顧客在用餐過程中，依個人喜好酌量取用調味料。

2.位置：置於骨盤的正上方或右上方。

3.距離：味碟與骨盤的間距約2公分。

♣ 湯碗

1.作用：由顧客自行取菜的才擺放小湯碗。

2.位置：應將湯碗置於味碟的左側，並與味碟平行擺放；也可置於骨盤的左上方。

3.特殊狀況：若是貴賓服務的餐廳，因有專人提供分菜服務，所以免擺湯碗。

♣ 筷架

1.作用：提供固定擺放筷子的位置，同時可避免筷子接觸桌面與沾汙檯布。

2.位置：橫置於味碟右側，與味碟平行。

3.特殊狀況：銀器服務者皆備有小龍頭架，可作為筷架與湯匙架之用途。

♣ 筷子

1.配件：通常附有筷套，筷子上的文字與標誌應朝上。

2.位置：筷子置於骨盤右側5公分處之筷架上，筷子離桌緣約1～2公分。

♣ 湯匙

1. 位置：直放於匙筷架左側之位置上，與筷子平行並以筷右匙左的原則放置；另一種若無匙筷架時，可直接放入湯碗內，匙柄朝左。
2. 特殊狀況：若是銀器服務，所用湯匙為西式的大圓湯匙，此時應將湯匙置於筷子的右側，與筷子共用一個龍頭架。

♣ 茶杯

1. 作用：盛裝熱茶於用餐前進行奉茶服務。
2. 位置：放置筷架右側，也可放置上方。
3. 距離：距離筷架約2公分。

♣ 水杯

1. 作用：白開水的功能在於調整口中味覺，以便繼續享用下一道菜餚。
2. 位置：置於筷子的上方，即骨盤右上方45度角或筷架右側。
3. 拿法：擺設時手執杯底或杯腳處。

♣ 酒杯

1. 種類：若飲用葡萄酒時，應使用紅酒杯；飲用國產酒時，則應使用紹興酒杯，容量約為1盎司。
2. 位置：紅酒杯置於水杯的右下側；紹興酒杯可集中擺放於轉檯邊緣上，搭配公杯與酒壺方便客人取用。

♣ 口布

1. 作用：避免醬汁低落在顧客的衣物上，並可擦拭嘴角殘留的湯汁。
2. 位置：置於骨盤中央；餐巾折疊後的大小最好不要超出骨盤的盤面

為宜。

3.其他服務：在高級的餐廳，還會供應客人濕或熱毛巾，開席時由服務人員直接夾到客人手上。

♣ 菜單

1.位置：訂席菜單如為每人一份，則置於骨盤上方。

2.擺設：一般餐廳通常將菜單置於轉盤上，並將內頁朝向客人。

♣ 其他

中餐宴席餐桌上，擺放的調味品大多以醬油、醋與辣椒醬為主。醬油、醋以瓶裝或壺來盛裝，並襯以底盤，辣椒醬則多以碟子盛裝。公用的調味品應置於轉檯上，個人用的調味品則置於個人面前的味碟中。除了個人所需的餐具外，餐桌轉檯上還需擺放一些公用的物品，包含牙籤盅、桌花、席次卡。

🍩 三、西餐菜單的特色

西餐菜單包羅萬象，精緻美味，對食物材料的品質要求非常嚴格，尤其著重服務人員的素養，所以享受一套完整的西式餐飲，可得到視覺、嗅覺、味覺與觸覺上的滿足。本節就西餐菜單的結構與餐桌擺設加以介紹，並說明如下：

(一)西餐菜單的結構

關於西餐菜單的內容，有多種不同的說法，很難斷定誰是誰非，不過，綜合來說，西餐菜單還是有其一定的順序可循，以下將介紹傳統及新

式西餐菜單的編排項目。

♣ 傳統的西餐菜單

傳統的西餐菜單結構包含冷前菜、湯類、熱前菜、魚類、大塊菜、熱中間菜、冷中間菜、雪波、爐烤菜附沙拉、蔬菜、甜點、開胃點心及餐後點心等十三個項目，種類繁雜，茲將各個項目詳細說明之。

1.冷前菜（Hors d'Oeuvre Froid）：

　(1)名稱：亦稱為開胃菜（Appetizer）。

　(2)功能：列於第一道菜，是因其具有開胃之作用。

2.湯類（Potage）：

　(1)作法：湯是指用深鍋（Pot）所煮出來的食物，英文名稱為Soup。

　(2)種類：有清湯與濃湯兩類，供客人自由選擇。

　(3)用途：湯亦屬開胃品的一種。

　(4)原則：國內餐廳習慣將麵包隨湯而上桌的作法是不對的，實際上麵包應和主菜一起食用，其用意如同東方人的米飯。

　(5)配料：隨湯而出的應是鹹脆餅乾（Cracker）。

3.熱前菜（Hors d'Oeuvre Chaud）：

　(1)擺設：任何一種可盛於小盤上的熱菜。

　(2)排序：若有以蛋、麵或米類為主所製備的菜餚，則可排在湯之後，魚之前。

4.魚類（Poisson）：

　(1)名稱：英文名為Fish Course。

　(2)排序：被排在家畜肉之前。

　(3)內容：除了魚類產品外，另包含蝦、貝類等其他水產食品。

5.大塊菜（Gross Piece）：

　(1)名稱：英文名為Meat Course。

(2)內容：大塊菜皆以家畜肉為主。

(3)作法：以整塊家畜肉加以烹調，並在客人面前切割分食。

6.熱中間菜（Entrée Chaud）：

(1)作法：材料必須切割成小塊後，才能加以烹煮。

(2)特色：烹調時不受數量的限制。

(3)排序：中間菜的上菜順序介於大塊菜與爐烤菜之間。

(4)內容：中間菜是西餐的主菜，不可缺少。

7.冷中間菜（Entrée Froid）：

(1)作法：材料切割成小塊後，再加以烹煮。

(2)特色：烹調時不受數量的限制。

(3)排序：上菜順序介於大塊菜與爐烤菜之間。

8.雪波（Sorbet）：

(1)作法：是一種果汁加酒類的飲料，並在冷凍過程中予以攪拌，製成狀似冰淇淋的冰凍物，相當於我們俗稱的「雪泥」。

(2)功能：可調整客人口中的味覺，並讓用餐者的胃稍作休息。

9.爐烤菜（Roti）附沙拉（Salad）：

(1)名稱：爐烤菜英文為Roast。

(2)內容：皆以大塊的家禽肉或野味為主。

(3)特色：可說是大塊菜的補充，更有人認為是全餐中味道之高峰。

10.蔬菜（Legume）：

(1)功能：一般皆將蔬菜當作主菜盤中的「裝飾菜」（Garniture）。

(2)目的：增加主菜的色香味。

(3)效果：均衡用餐者的營養，亦可搭配主菜的顏色，使餐盤成為賞心悅目的圖畫。

11.甜點（Entremets）：

(1)內容：以甜食為主，冰淇淋也包含在內。

(2)種類：包括熱的和冷的兩種。

12.開胃點心（Savoury）：

(1)口味：英國人的最愛，內容同於熱前菜，只是味道更濃。

(2)內容：酒會常見的Canape（係指在小塊土司上放置不同食物的小點心）屬於此類。

(3)其他：起司（Cheese）亦為開胃點心的一種。

13.餐後點心（Dessert）：

(1)意義：法文Dessert的意思是指「不服務了」，此道菜餚一出，就表示所有的菜已全部服務完畢。

(2)內容：餐後點心僅限於水果或者是餐館於餐後奉送給客人的小甜點、巧克力糖而已。

♣ 新式的西餐菜單

新式的西餐菜單結構包括前菜類、冷菜或沙拉、湯類、魚類、主菜類或肉類、點心類及飲料等七個項目。

1.前菜類（Hors d'Oeuvre）：

(1)名稱：也稱為開胃菜、開胃品或頭盤，是西餐中的第一道菜餚。

(2)特色：份量少，味清新，色澤鮮艷。

(3)功能：具有開胃、刺激食慾的作用。

(4)內容：現代歐美常見的開胃菜有雞尾酒開胃品、法國鵝肝醬、俄國魚子醬、蘇格蘭鮭魚片、各式肉凍、冷盤等。

2.冷菜或沙拉（Salad）：

(1)目的：生菜可補充身體所需的植物纖維素及維生素，因此將生菜做成各式沙拉，可符合節食及素食者的需要。

(2)功能：可當作主菜類的裝飾菜。

煙燻鮭魚片　　　　　　　　　　　　　　　**生菜沙拉**

3.湯類（Soup）：

  (1)性質：湯與其他菜的特性不同，故應予以保留。

  (2)功能：具有增進食慾的作用，不吃開胃菜的客人可先提供湯
    品。

4.魚類（Fish）：

  (1)性質：魚類與其他菜餚的特性不同，故應予以保留。

  (2)排序：可視為湯類與肉類的中間菜，味道鮮美可口。

5.主菜類（Middle Course）或肉類（Meat）：

  (1)特色：西餐的重頭戲，烹飪方法較為複雜，口味也最獨特。

  (2)內容：材料通常為大塊肉、魚、家禽或野味。

南瓜濃湯　　　　　　　　　　　　　　　**炭烤牛排**

(3)性質：以肉食為主的主菜必須搭配蔬菜使用，原因有二：一是
減少油膩；二是增加盤中色彩。常用的配菜為各色蔬菜、馬鈴
薯等。

6.點心類（Dessert）：

(1)功能：美味香醇的甜點可補足口舌之慾。

(2)內容：點心主要項目包含各色蛋糕、西餅、水果及冰淇淋。

草莓慕斯蛋糕

7.飲料（Beverage）：

(1)內容：以咖啡、果汁或茶品為主。

(2)特色：以往飲料供應皆以熱飲為主，現今為順應時代潮流亦有
供應冷飲。

♣傳統與新式西餐菜單兩者之比較

雖然傳統西餐菜單比新式西餐菜單的種類更為繁瑣，但依一般西餐
的用餐原則，仍可歸納出主要的分類項目，茲將兩者之間的關係彙整如**表
3-1**。

表3-1　傳統與新式西餐菜單對照表

傳統西餐菜單	新式西餐菜單
冷前菜（Hors d'Oeuvre Froid） 熱前菜（Hors d'Oeuvre Chaud） 開胃點心（Savoury）	前菜類（Hors d'Oeuvre） 開胃菜（Appetizer）
湯類（Potage）	湯類（Soup）
魚類（Potage）	魚類（Fish）
大塊菜（Gross Piece） 熱中間菜（Entrée Chaud） 冷中間菜（Entrée Froid） 爐烤菜（Roti）附沙拉（Salad）	主菜類（Middle Course） 肉類（Meat）
蔬菜（Legume）	冷菜或沙拉（Salad）
甜點（Entremets） 餐後點心（Dessert）	點心類（Dessert）
雪波（Sorbet）	飲料（Beverage）

♣ 西餐上菜的順序

從美食的觀點來看，菜單的上菜順序應該依照味覺排列，以下是排列的四項原則：

　　1.菜餚口味由淡轉濃。

　　2.菜餚溫度由冷轉熱。

　　3.菜餚溫度再由熱回冷。

　　4.最後由冷結束於熱飲。

(二)西餐餐桌的擺設

西餐餐具種類繁多，每道菜餚都有其專門的特殊餐具，所以在餐桌擺設前，應該熟記各種餐具的用法，才能將事前準備工作做到完善。每家餐廳或許會有不同的擺設規定，但服務的基本原則是不變的。

♣ 基本原則

西餐餐桌擺設的基本原則有下列幾項：

1. 餐具擺設美觀。
2. 顧客取用方便。
3. 服務人員服務便利。
4. 餐廳有統一的標準。
5. 左放叉，右放刀或匙。
6. 左右餐具先外後內使用。
7. 點心餐具放在最上方。
8. 叉齒及匙面朝上。
9. 相同餐具不重複出現。
10. 特殊餐具不預先擺放。
11. 每一邊的餐具不超過三件。
12. 刀擺放時刀刃朝左，橫擺時刀刃朝下。
13. 酒杯之擺放，以不超過四個為限。
14. 酒杯的大小及形狀，最好不要過於雷同。
15. 酒杯之排列，容量最大者放在左邊，最小者放在右邊。

♣ 西餐單點菜單的餐桌擺設

西餐的餐桌佈置與擺設相較中餐的餐桌佈置來說，更為多樣化與複雜性。服務上以「個人」為座標，服務人員會依據每一位顧客餐點的內容，進行餐具的調整與更換。上餐服務時必須熟悉顧客點選的餐點內容，以側身持盤將餐點送至顧客桌面上；常見的西餐主要可以分為美式餐廳、義式餐廳與法式餐廳，因其供應的菜色不同，供應的服務也有差異，而餐桌的佈置與擺設也會相對調整。

西式餐桌擺設

❀西餐全餐菜單的餐桌擺設

1.服務盤：

(1)作用：擺放在每個座位桌面的正中央，作為定位之用；高級的
餐廳通常會擺放底盤或展示盤。

(2)距離：盤緣距離桌緣約1公分。

(3)特殊狀況：盤面有圖飾或標誌時，要面對顧客擺正。

2.餐刀：

(1)位置：擺在服務盤之右側。

(2)距離：餐刀距離服務盤約有0.5公分；尾端距離桌緣1公分。

3.餐叉：

(1)位置：置於服務盤之左側。

(2)距離：餐叉距離服務盤約0.5公分；尾端距離桌緣1公分。

4.沙拉叉：

(1)位置：放在餐叉之左側。

(2)距離：沙拉叉距離餐叉約0.5公分處；尾端距離桌緣1公分。

5.湯匙：

(1)位置：置於餐刀之右側。

(2)距離：湯匙下端離桌緣約1公分。

(3)特殊說明：餐刀、餐叉、沙拉叉及湯匙尾端應距離桌緣1公分並相互對齊。

6.點心叉、匙：

(1)位置：點心叉擺在服務盤上方，叉柄向左；點心匙擺在點心叉的上方，匙柄向右。

(2)距離：點心叉、匙距離服務盤約0.5公分。

7.麵包盤：

(1)位置：擺在沙拉叉左側。

(2)距離：麵包盤距離沙拉叉約0.5公分，盤緣距離桌緣約2公分。

8.奶油刀：

(1)位置：直著擺放於麵包盤上靠右處；橫擺需擺在麵包盤的上半側。

(2)距離：擺放約在麵包盤的1/4處。

9.玻璃杯：

(1)位置：水杯擺在餐刀的正上方；紅酒杯置於水杯右斜方；白酒杯置於紅酒杯的右斜方下側。

(2)距離：玻璃杯之間距離約0.5公分。

10.口布：

(1)位置：擺在服務盤上中央位置。

(2)特殊說明：美式服務餐桌佈置與擺設，口布應直接置於桌面中央作為定位，法式服務餐桌佈置與擺設的口布則應置於底盤上，並注意摺疊的大小勿超過盤面，有時會因為不同的口布折

法而擺放位置不同。

11.擺放調味瓶及相關物品：餐具都擺設完成後，再擺上胡椒鹽罐及花瓶。鹽罐、胡椒鹽罐，應置於桌面的中央，方桌若只坐3人，則可將調味瓶置於空位處。長桌則3～4人共用一組調味料。擺放在餐桌的位置方向必須每桌一致。

四、飲料單與酒單的特色

人們在用餐、娛樂時都喜歡配些飲料，享受一杯在握的樂趣，中國人常說「酒足飯飽」的飲食哲學，便是這個道理。既然餐食和飲料是分不開的，因此許多餐廳就會在菜單的篇幅裡加上飲料的介紹，或者是另外製作一套飲料單（Beverage List），更有系統地說明餐廳提供的各式酒類和飲料。

(一)飲料之涵義

餐廳所銷售的商品內，相較於食材的成本部分，飲料可稱為是低成本的品項，對於餐廳的獲利率來說的確是不可忽視的一環。一份理想的飲料單與酒單不僅可以展現出餐廳的風格來增進顧客用餐的氣氛，更可以提升餐廳的營收。飲料單不僅是餐廳增加營業收入的重要手段，更是菜單銷售的輔助工具。因此，餐飲管理人員應充分掌握酒水知識，做好飲料單的設計與規劃。我們可以將飲料定義如下：

1.飲料是指可以喝的東西。
2.飲料單的英文稱為Beverage List。
3.飲料（Beverage）和餐食（Food）放在一塊，便是所謂的餐飲F&B（Food & Beverage）。

4.一般餐廳所販售的飲料，大致上可分為兩大類：

(1)現成的飲料。

(2)自行調配的飲料。

(二)飲料之分類

飲料的分類方法大致可歸納為兩種：第一種稱為無酒精性飲料；第二種稱為酒精性飲料。

♣ 無酒精性飲料（Non-Alcoholic Beverage）

非酒精性飲料又稱為Soft Drinks，可分為果汁飲料類、碳酸飲料類、乳品飲料類、礦泉水類、茶及咖啡類等六種。

1.果汁飲料類：

果汁飲料的種類繁多，又分為下列十五種：

(1)濃縮果汁：不可加糖、色素、香料及防腐劑。

(2)純天然果汁：指不經稀釋及發酵過程之純鮮果汁。

(3)稀釋天然果汁：含天然果汁30%以上，可另外加糖、檸檬酸等。

(4)果汁飲料：含天然果汁6～30%之飲料。

(5)天然果漿：水分含量低，將甜度較高之果實壓碎並過濾，而得到稠狀之加工品。

(6)發酵果汁：水果經過醃漬發酵後，壓榨所得到的果汁。

(7)稀釋發酵果汁：發酵果汁含量30%以上者。

(8)發酵果汁飲料：發酵果汁含量6～30%之間者。

(9)天然蔬菜汁：由新鮮蔬菜經壓榨或過濾而得之汁液。

(10)稀釋天然蔬菜汁：蔬菜汁含量在30%以上者。

(11)蔬菜汁飲料：指蔬菜汁含量在6～30%之間。

(12)綜合天然果菜汁：將天然果汁與蔬菜汁混合而成的液體飲料。

果汁飲料

(13)綜合果菜汁：將綜合天然果菜汁加以稀釋至果菜汁含量在30%
　　以上者。

(14)綜合果菜汁飲料：指綜合天然果菜汁含量在6～30%之間。

(15)濃縮果漿：指加入糖、香料及安定劑等稀釋之飲料。

2.碳酸飲料類：又稱為汽水，是指將飲用水加
　入二氧化碳與人工色素、香料、甜味劑、酸
　味劑等混合而成的飲料，飲用時給人清涼暢
　快之感，所以又稱為「清涼飲料」。各種碳
　酸飲料適宜低溫飲用，由於液體中含大量二
　氧化碳容易腹脹，液體內的糖分高容易造成
　肥胖，可樂含微量咖啡因，故兒童和經常失
　眠的人不宜飲用碳酸飲料。

(1)不含香料之碳酸飲料：如蘇打水。

(2)含有香料之碳酸飲料：如蘋果西打、可樂
　　等。

3.乳品飲料類：「國家標準CNS」規定，牛奶

可樂

與乳製品，合稱「乳品飲料」，是指還原乳混合生乳、鮮乳或保久乳後，占總內容物含量50%以上，得混合其他非乳原料及食品添加物加工，製成發酵或未發酵飲用製品。我們常見的乳品飲料可歸類成鮮乳、調味乳、保久乳、發酵乳等四類。

(1)鮮乳：大部分的鮮乳都經過巴氏消毒過程。所謂的巴氏消毒是指將牛奶加熱至60～63℃，並維持此溫度三十分鐘，然後才進行冷卻步驟。鮮奶飲料包括全脂、低脂、脫脂與強化四種。

鮮奶

- 全脂鮮乳（Whole Milk）：乳脂肪含量在3.0以上。

- 低脂鮮乳（Low Fat Milk）：乳脂肪含量在0.5%～1.5%之間。

- 脫脂鮮乳（Skimmed Milk）：乳脂肪含量低於0.5%。

- 營養強化鮮乳：以生乳為原料，添加鈣、鐵、鋅、DHA等營養強化物質，多為低脂乳或脫脂乳。

(2)調味乳（Flavored Milk）：以50%以上之生乳、鮮乳或保久乳為主要原料，添加調味料等加工製成。保存期限會依據原料採用鮮奶或保久乳而有差異。在牛奶中增加具有獨特風味的材料，藉此改變牛奶的原始味道。最常見的是巧克力牛奶。

(3)保久乳（Sterilized Milk）：生乳或鮮乳經高壓滅菌或高溫滅菌，以無菌包裝後供飲用之乳汁；或以瓶（罐）裝生乳，經高壓滅菌或高溫滅菌後供飲用之乳汁，可於室溫下儲藏。保存期限可在室溫下六個月。

(4)發酵乳（Fermented milk）：生乳經過適當的殺菌消毒後，再接

種特定的乳酸菌或酵母菌加以培養所製成帶有酸味及芳香的製品,常見的有下列三種:

- 凝態發酵乳:又稱為優格(Yogurt)、酸凝酪,每毫升含有1,000萬個以上的活性乳酸。將新鮮牛奶消毒殺菌後,植入乳酸桿菌,並添加適量的白糖,然後經發酵、凝固、冷藏程序而成的固體成分。

- 濃稠發酵乳:又稱為優酪乳(Drinking Yogurt),以生乳經乳酸菌發酵製成的濃稠狀發酵乳,每毫升有1,000萬個以上的活菌數。在牛奶中加入乳酸菌,待發酵後再添加特定的甜味香料,使其具有草莓、蘋果等特殊風味的乳酸飲料。

- 稀釋發酵乳:又稱為乳酸菌飲料,以培養的乳酸菌發酵凝固後加水稀釋,再添加甜味劑與香料,每毫升有100萬個以上活菌,養樂多、益菌多均屬之。

4.礦泉水類(Mineral Water):

(1)天然礦泉水:是指藏於地下,由自然湧出或人工抽取之天然水源中取得,含有人體所需的微量元素,例如鈣、鎂、鈉、鐵、氟等礦物質。是目前最流行的指標,常見的品牌有愛維養(Evian)、富維克(Volvic)。

(2)氣泡礦泉水:將過濾的礦泉水與儲氣缸的二氧化碳氣體混合後裝瓶,常見的有沛綠雅氣泡礦泉水(Perrier)、法賽爾氣泡礦泉水(Valser)。

(3)天然飲用水:未受汙染的天然泉水、湖水,且沒有經過公共供水系統製成的水。販售時須標示水源出處,例如山泉水。

(4)純水:以化學物理方法進行淨化處理,去除水中所有物質,也包含對人體有益的礦物質。

(5)鹼性離子水:經電解還原產生鹼性水和酸性水,鹼性離子水含微量元素可調整酸性體質。

愛維養、富維克礦泉水　　　　　**沛綠雅、法賽爾氣泡礦泉水**

5.茶類：

茶葉依照國別以及發酵程度與產區可區分相當多的等級，簡單的分類如下：

(1)中國茶葉：

- 不發酵茶：一般稱為「綠茶」，例如龍井、碧螺春等。
- 半發酵茶：常見的有烏龍茶、水仙、鐵觀音等。
- 全發酵茶：指的是紅茶。

烏龍茶葉

(2)印度茶葉：阿薩姆茶、大吉嶺茶、尼爾吉里茶、錫蘭茶。

(3)再加工茶：

- 花茶：用綠茶、紅茶、烏龍茶等基本茶類作為茶胚和各種香花進行拼和製成，常見的是茉莉花茶。
- 濃縮茶：成品茶用一定量的熱水提取，過濾出茶湯，進行減壓濃縮或反滲透模濃縮。
- 速溶茶：成品茶採用一定量的熱水提取，過濾出茶湯，濃縮後加入環糊精（以減弱速溶茶成品的強吸濕性），並充入二氧化碳氣體，進行噴霧乾燥或冷凍乾燥後即成粉末狀或顆粒狀速溶茶。
- 果味茶：茶葉半成品或成品加入果汁後製成各種果味茶，這種茶葉既有茶味又具有果香味。
- 水果茶：水果茶在製作上多半使用紅茶來沖泡，再配以濃縮果汁、果醬、水果來搭配組合，改變紅茶傳統的作法。
- 花草茶：源自於拉丁語Herba，取用花草的花、葉、根、莖等部位，加以乾燥沖泡而成。

紫羅蘭花茶葉

6.咖啡類：是含有咖啡因的飲品。依照各咖啡豆的特性與口感可以分
　類為：

(1)藍山（Blue Mountain）：是咖啡中的極品，味道清香甘美柔
　　順。

(2)牙買加（Jamaica）：味道優雅甘醇，僅次於藍山。

(3)摩卡（Mocha）：具有獨特的香味及甘酸風味，是單品飲用的理
　　想品種。

(4)哥倫比亞（Columbia）：香醇厚實、甘酸滑口，有種奇特的地
　　瓜皮風味。

(5)巴西聖多斯（Brazil Santos）：輕香略甘苦，屬於中性豆。

(6)曼特寧（Mandheling）：濃香苦烈，醇度特強。

(7)瓜地馬拉（Guatemala）：具有獨特的菸絲味，香度極高，口感
　　平衡。

(8)爪哇（Java）：產自印尼，具有強烈的苦味，適合用為調和咖
　　啡。

(9)綜合咖啡（Mixed）：用兩種以上的咖啡豆混拌製成，常見的有
　　曼巴咖啡（曼特寧＋巴西咖啡）。

咖啡豆

♣ 酒精性飲料（Alcoholic Beverage）

即飲料成分中含有酒精，在「菸酒管理法」對於酒之定義為：「含酒精成分以容量計算超過0.5%之飲料」。其分類方式如下：

1. 依製造方式：依其製造方式可以分為蒸餾酒、釀造酒和合成酒三大類。

(1) 蒸餾酒（Distilled Liquors）：
- 指材料先經醣化發酵，再加以蒸餾、儲存所製成的酒。
- 蒸餾酒的酒精濃度約在40～95度之間。
- 是調製雞尾酒的基本用酒，所以又稱為「基酒」。
- 包含威士忌（Whisky）、白蘭地（Brandy）、伏特加（Vodka）、琴酒（Gin）、蘭姆酒（Rum）及龍舌蘭酒（Tequila）等。

蒸餾酒

(2)釀造酒（Fermented Liquors）：

- 係指將水果、穀類等原料，經過醣化、發酵、浸漬、過濾及儲藏等步驟而製成的酒。
- 酒精濃度約在15～20度之間。
- 製酒方法天然，營養成分較高，適量飲用有益健康。
- 包含各種葡萄酒、水果酒及啤酒等。

(3)合成酒（Compounded Liquors）：

- 係以烈酒為基酒，再加上一定比例的糖、香料、果實、蜂蜜、藥材等加工配製的酒。
- 酒精濃度視酒類成分而定。
- 合成酒又稱為再製酒，係以基酒加上其他材料所製成的酒。
- 「香甜酒」亦屬於合成酒的一種，味道香醇甜淡可口，是調製雞尾酒不可或缺的配料。
- 包含香甜酒、五加皮酒及各種藥酒。

勃根地紅酒

合成酒

2.依製造材料：若依照酒的製造材料，可將飲料分為白酒、黃酒、果酒、啤酒及藥酒等五項品種。

(1)白酒：以穀物及澱粉製品為材料。其特性為：
- 用酒麴為發酵劑而釀成的酒。
- 酒精濃度在30度以上者。
- 白酒無色透明，味道香醇厚實。

(2)黃酒：以糯米、黍米為主要材料。其特性為：
- 利用酒漿中多種黴菌、酵母菌的發酵作用而釀製的酒。
- 酒精濃度在12～18度之間。

(3)果酒：以糖分較高的水果為主要材料。其特性為：
- 酒精濃度大約15度左右。
- 包含葡萄酒、山楂酒、蘋果酒、草莓酒等。

(4)啤酒：以麥芽、蓬萊米及酒花為材料。其特性為：
- 利用酵母菌發酵作用釀成的酒。
- 酒精濃度2～5度左右。
- 啤酒營養價值高，含有豐富的蛋白質。

(5)藥酒：以各種藥材為主要原料。其特色為：
- 酒精濃度頗高，約在20～40度之間。
- 屬於此類的有五加皮酒、參茸酒等。

3.依飲用溫度：依照酒類飲料飲用的溫度來看，可將飲料分為熱飲（Hot Drinks）與冷飲（Cold Drinks）兩大類。

(1)熱飲：飲用溫度約在60～80℃之間，如咖啡、牛乳及熱茶等。

(2)冷飲：飲用溫度約在5～6℃之間，如碳酸飲料、新鮮果汁等。

4.依飲用習慣與時間：根據客人飲用酒水的習慣與時間，可將飲料分為餐前開胃酒、餐間酒及餐後酒三種。

(1)餐前開胃酒：
- 係指客人在用餐之前所飲用的酒或飲料。

- 口感以苦、澀酸為主,具有開胃、促進食慾之功能。
- 常見的有雞尾酒、調和酒或啤酒。

(2)餐間酒:

- 客人在用餐期間所喝的酒或飲料,又稱為佐餐酒。
- 搭配各種食物來飲用,更能顯現食物的美味。
- 餐間酒與食物的搭配原則有下列四項:

  香檳酒──任何時機皆可

  玫瑰紅酒──宜搭配海陸餐

  紅酒──宜搭配紅肉,如牛、羊、豬等

  白酒──宜搭配白肉或海鮮食品,如雞、魚、蝦等

(3)餐後酒:

- 係指客人在食物用畢後所飲用的酒。
- 可幫助消化,減緩腸胃的負擔。
- 以白蘭地、利口酒、波特酒或熱飲料為主。
- 口感可帶有甜味,或酒精濃度高的飲品。

(三)飲料單與酒單的分類

餐飲業者往往根據餐廳本身的性質、規模大小及客源數目,而提供各種不盡相同的飲料單。

♣飲料單（Beverage List/ Full Wine Menu）

消費能力較高的旅館及餐館會提供此類飲料單給顧客,因為這些顧客的用膳時間長且消費金額高。此種飲料單的特色是將所有飲品種類包含果汁類、碳酸飲料類、咖啡類、茶飲類、啤酒類、雞尾酒類、烈酒類以及葡萄酒類等,彙製成一本小冊子。

♣ 雞尾酒單（Cocktail List）

多數的雞尾酒單可以包括不含酒精的雞尾酒（Mocktail）和含有酒精的雞尾酒（Cocktail），另外還會列出特製或獨創設計的雞尾酒款。

雞尾酒單

♣ 餐前酒酒單（Aperitif List）

在顧客入座後，尚未食用餐點前所飲用的餐前酒，通常由服務員將此酒單遞送給顧客選擇。常見的有：金巴利酒（Campari）、不甜雪莉酒（Dry Sherry）、苦艾酒（Vermouth）、啤酒（Beer）等作為開胃酒。

♣ 餐後酒酒單（After-Dinner Drinks List）

在顧客享用完餐食後，由服務員遞送給顧客選擇。通常以白蘭地（Brandy）、甜白酒（Dessert Wine）、波特酒（Port）為主。

♣ 葡萄酒單（Wine List）

完整的葡萄酒單應會從餐前酒、佐餐酒、餐後酒等都具備提供。如能在餐廳提供世界各地著名的葡萄酒更能滿足此類愛好者的需求。一般而言，葡萄酒單的內容分類如下：

1. 招牌酒（House Wine）：為餐廳所指定的葡萄酒，通常會以單杯或單瓶銷售，價格平價接受度高。

2. 香檳（Champagne）：依據法國政府的規定，只有在法國香檳區所生產的氣泡葡萄酒才能稱為「香檳」。

3. 起泡葡萄酒（Sparkling）：起泡葡萄酒是在發酵未完全終止時，加入糖和酵母之後即裝瓶，讓發酵過程在瓶中進行。

4. 法國葡萄酒（France Wine）：法國葡萄酒有著相當嚴謹的分級制度，最高等級「A.O.C」、第二等級「V.D.Q.S」。其中，勃根地（Burgundy）和波爾多（Bordeaux）兩大產區所生產的葡萄酒可稱為是法國葡萄酒的代表之作。

5. 德國酒（German Wine）：德國所生產的葡萄酒，以白葡萄酒的產量最大，約占全世界白葡萄酒產量的81～88%。特級法定產區認證葡萄酒Q.m.P（Qualitätswein mit Prädikat）是德國最高等級的葡萄酒

6. 加州酒（California Wine）：美國加州納帕谷（Napa Valley）為產區的核心代表，受到美國AVA制度的認證（American Viticultural Areas），境內的葡萄品種以金粉黛（Zinfandel）富有最高的知名度。

7. 義大利酒（Italian Wine）：D.O.C.G（Denominazione di Origine Controllata e Garantita）視為義大利最高等級的葡萄酒認證。

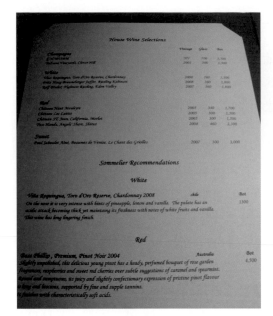

葡萄酒單

♣時令酒單（Seasonal Drinks List）

配合時令季節、節慶或特殊活動，另行推出的促銷商品，例如聖誕節活動推出的氣泡酒等。

♣宴會酒單（Banquet/ Function Menu）

宴會酒單是指在各種不同的宴席場合中，餐廳提供給客人觀賞的飲料單。宴會型態不同，餐廳提供的飲料單項目也會不同；國內宴席上最常見的有紹興酒、啤酒、汽水和果汁等。

♣限制酒單（Restricted Wine Menu）

餐廳在飲料單上只列出部分項目供客人點用，而未將所有飲料內容詳細標示。

1.在中價位的餐廳可提供限制酒單。

2.餐廳只列出幾種較常見的名牌酒。

3.以酒杯或玻璃瓶為單位來收費。

♣ 客房服務飲料單（Room Service Beverage Menu）

在旅館客房內放置的菜單與飲料單是提供給房客二十四小時的餐食與飲料服務，也有些飯店會設置迷你酒吧（Mini Bar）可讓房客自行取用，待退房時再行登錄與收費。

1.飯店等級不同，客房服務提供的飲料項目亦有差別。

2.有些飯店直接在客房中配置小酒吧，讓客人自行取用，客人不必出入房門便可飲用到所喜愛的飲料。

3.為方便客人而以套裝方式出售飲品，如威士忌加礦泉水、冰塊及點心，全套售價1,000元，由顧客自行點用。

客房服務飲料單

Chapter 4

菜單的內容

一、菜單的種類

根據不同的飲食分類方法，而有各種不同的菜單，菜單種類可以分為下列幾類：

(一)依供餐性質區分

菜單依照餐飲的供應性質，可以分為套餐菜單、單點菜單及混合菜單三種。

♣ 套餐菜單（Table d'Hote）

套餐的菜單設計一來可以迎合顧客的需求，二來可以增加公司的收入。英文可稱為**Table of Host**或**Full Course**，又稱為定餐菜單（**Set Menu**），最大的特色是僅提供數量有限的菜餚，其餐食內容包含湯、魚、主菜、甜點、飲料等。西式套餐定價以主菜為基礎來搭配主食和輔菜，按每位或每套的方式來計價（如圖4-1）；中式套餐的模式眾多，多半是按桌次計價或是不同人數的組合套餐來提供（如圖4-2）。通常多會在特殊節日時推出套餐組合，如聖誕節套餐（如圖4-3）、情人節套餐（如圖4-4）、年菜等。

1. 西式套餐：西餐套餐內容包含開胃品或沙拉、湯品、主菜、麵包、甜點、飲品，也有些簡單的搭配，如湯品、主菜、麵包的組合。不同的國情其套餐的順序也有不同（如**表**4-1）。
2. 中式套餐：中式套餐的形色很多，目前常見的以旅遊用餐、工作用餐及特殊場合的套餐形式居多。宴會菜單在中式套餐中是相當重要的一環，因中國歷來有著以設宴的形式來表達情、禮、儀、樂的傳統，常見的宴會有公務宴請、招待會、家宴、便宴、婚宴（如

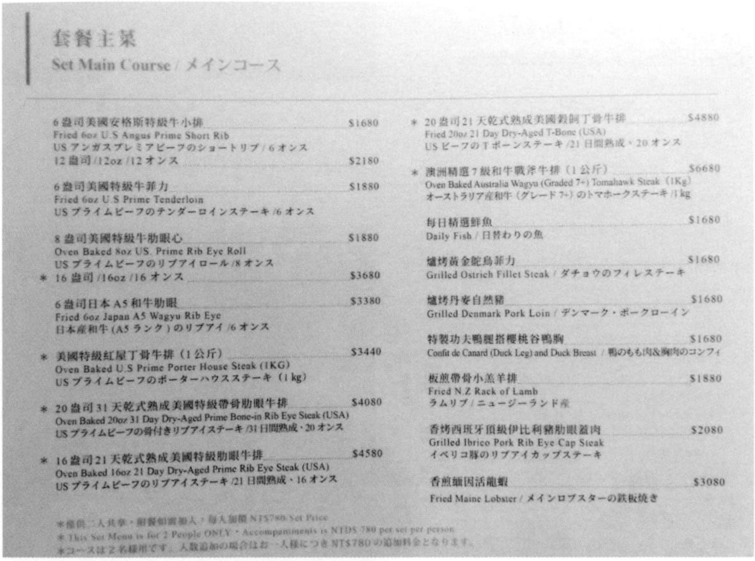

套餐主菜
Set Main Course / メインコース

6 盎司美國安格斯特級牛小排　$1680
Fried 6oz U.S Angus Prime Short Rib
US アンガスプレミアビーフのショートリブ / 6 オンス

12 盎司 /12oz (12 オンス)　$2180

6 盎司美國特級牛菲力　$1880
Fried 6oz U.S Prime Tenderloin
US プライムビーフのテンダーロインステーキ /6 オンス

8 盎司美國特級牛肋眼心　$1880
Oven Baked 8oz US. Prime Rib Eye Roll
US プライムビーフのリブアイロール /8 オンス

＊ 16 盎司 /16oz /16 オンス　$3680

6 盎司日本A5 和牛肋眼　$3380
Fried 6oz Japan A5 Wagyu Rib Eye
日本産和牛 (A5 ランク) のリブアイ /6 オンス

＊ 美國特級紅屋丁骨牛排 (1 公斤)　$3440
Oven Baked U.S Prime Porter House Steak (1KG)
US プライムビーフのポーターハウスステーキ (1 kg)

＊ 20 盎司 31 天乾式熟成美國特級帶骨肋眼牛排　$4080
Oven Baked 20oz 31 Day Dry-Aged Prime Bone-in Rib Eye Steak (USA)
US プライムビーフの骨付きリブアイステーキ /31 日間熟成・20 オンス

＊ 16 盎司 21 天乾式熟成美國特級肋眼牛排　$4580
Oven Baked 16oz 21 Day Dry-Aged Prime Rib Eye Steak (USA)
US プライムビーフのリブアイステーキ /21 日間熟成・16 オンス

＊ 20 盎司 21 天乾式熟成美國穀飼丁骨牛排　$4880
Fried 20oz 21 Day Dry-Aged T-Bone (USA)
US ビーフのTボーンステーキ /21 日間熟成・20 オンス

＊ 澳洲精選 7 級和牛戰斧牛排 (1 公斤)　$6680
Oven Baked Australia Wagyu (Graded 7+) Tomahawk Steak (1Kg)
オーストラリア産和牛 (グレード 7+) のトマホークステーキ /1 kg

每日精選鮮魚　$1680
Daily Fish / 日替わりの魚

爐烤黃金鴕鳥菲力　$1680
Grilled Ostrich Fillet Steak / ダチョウのフィレステーキ

爐烤丹麥自然豬　$1680
Grilled Denmark Pork Loin / デンマーク・ポークローイン

特製功夫鴨腿搭櫻桃谷鴨胸　$1680
Confit de Canard (Duck Leg) and Duck Breast / 鴨のもも肉&胸肉のコンフィ

板腿帶骨小羔羊腿
Fried N.Z Rack of Lamb
ラムリブ / ニュージーランド産

香烤西班牙頂級伊比利豬肋眼蓋肉　$2080
Grilled Ibrico Pork Rib Eye Cap Steak
イベリコ豚のリブアイカップステーキ

香煎緬因活龍蝦　$3080
Fried Maine Lobster / メインロブスターの鉄板焼き

※ 樣例：二人共享，附餐如需加入，每人加開 NT$780 Set Price
※ This Set Menu is for 2 People ONLY。Accompaniments is NT$780 pot set per person
※ コース注 2 名様用です。人数追加の場合はお一人様につき NT$780 の追加料金となります。

圖4-1　西式套餐菜單

桌號 □

食 客家合菜料理

□$5500 (10-12人)
清蒸鱘龍魚
★梅干一刀肉/口袋餅
金桔醬雙拼
客家小炒
百香果排骨
蒜香蝦面帕粄
薑絲炒大腸
埔里甘蔗筍
鮮炒半天花
當季時蔬
老菜脯燉雞湯

□$4500 (10-12人)
清蒸活鱘魚
★梅干一刀肉/口袋餅
招牌蔥油雞
蒜香蝦面帕粄
百香果排骨
客家小炒
薑絲炒大腸
埔里甘蔗筍
當季時蔬
仙草雞湯

□$3500 (10人)
清蒸高山鱸
梅干扣肉
紹興醉蝦
客家小炒
薑絲大腸
客醬炒水蓮
招牌蔥油雞
翠綠炒鮮菇
鳳梨苦瓜雞

□$1200 (4人)
清蒸高山鱸
梅干扣肉
福菜炆桂竹
和風田園時蔬
蠔油鮮香菇
金針肉絲湯

□$2500 (10人)
清蒸高山鱸
金桔白斬雞
爆炒山豬肉
福菜炆桂竹
當季時蔬
蠔油鮮香菇
椒鹽溪蝦
客家豆腐
福菜肉片湯

□$600 (2人)
梅干扣肉
翠綠炒鮮菇
當季時蔬
金針肉絲湯

圖4-2　中式套餐菜單

圖4-3　聖誕節套餐　　　　　**圖4-4　情人節套餐**

表4-1　國別與套餐項目關係表

	英國	法國	義大利	西班牙
第一道	開胃菜	餐前酒	餐前酒	餐前酒
第二道	湯品	前菜	開胃菜	開胃菜
第三道	沙拉	海鮮類	前菜	頭盤（沙拉／湯）
第四道	主菜	肉類	主菜	大盤（主菜）
第五道	佐餐酒	蔬菜類	沙拉	甜品
第六道	甜點	乳酪	水果	
第七道	茶／咖啡	甜點	甜點	
第八道		餐後飲料	咖啡	
第九道			餐後飲料	

圖4-5）、壽宴（如圖4-6）等。通常中式套餐是以10～12道菜為基準，第一道菜通常是四至六種冷盤組成的大拼盤，接著是6～8道的大菜，最後是一鹹一甜的兩種點心。

圖4-5　喜宴菜單

圖4-6　壽宴菜單

♣ 單點菜單（A La Carte）

又稱為點菜菜單，菜色種類比套餐菜單豐富，客人可依自己喜好選擇偏愛的菜餚，每道菜並依大、中、小份量，予以個別訂價。中式單點菜單（如圖4-7）大致分為冷盤、熱炒、主食（也可依照肉品種類來區分）、蔬菜、甜品、飲料等；西式單點菜單（如圖4-8）多半依照用餐順序來區分為開胃品、湯品、主菜及附菜、沙拉或漢堡（三明治）、甜點、酒水飲料等。

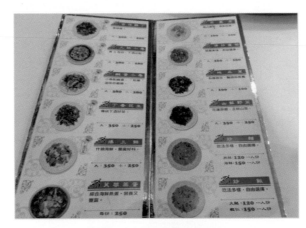

圖4-7　中式單點菜單

圖4-8　西式單點菜單

❧ 混合菜單（Combination Menu）

　　某些菜（指主菜部分）可以任意挑選，但某些菜則是固定不變的（如開胃菜、甜點、飲料），是套餐和單點菜單所結合成的一種菜單。混合菜單已經成為現在許多餐廳愛好的菜單模式，既可保有套餐設計的優點又可以提供客人多元的選擇（如圖4-9）。

圖4-9　混合菜單

(二)依用餐時間區分

　　菜單依顧客的進食時間，可以分為早餐菜單、早午餐菜單、午餐菜單、下午茶、晚餐菜單及宵夜菜單等六種。

❧ 早餐菜單（Breakfast Menu）

　　可分為中式早餐與西式早餐，其中，西式早餐又可分為美式及歐式兩種（如表4-2）。

表4-2　各式早餐

	中式早餐（如圖4-10）	美式早餐（如圖4-11）	歐式早餐（如圖4-12）
主食	燒餅油條、飯糰、地瓜稀飯	• 麵包類：各式薄餅及土司，配合使用果醬或奶油 • 穀物類：玉米片或麥片粥為主	法國牛角麵包（Croissant）、丹麥香甜麵包（Danish Pastry）、鬆餅（Waffle）
配餐	小菜	• 肉類：常見的有火腿、培根或香腸 • 蛋類：常見的烹調方式有單面煎蛋（Sunny-side Up）、兩面煎蛋（Over Easy）、炒蛋（Scrambled Egg）、水煮蛋（Boiled Egg）、蛋捲（Omelet） • 起司：有硬、軟及半硬軟之分 • 蔬菜類：包含番茄、蘆筍及馬鈴薯等	新鮮水果
飲品	豆漿	• 開胃品：以果汁或新鮮的水果為主 • 飲料：以咖啡及紅茶為佳，另有牛奶、阿華田或巧克力飲品等	飲料：果汁或咖啡、茶

圖4-10　中式早餐

圖4-11　美式早餐

圖4-12　歐式早餐

♣早午餐菜單（Brunch Menu）

用餐時間約在10:00AM～03:00PM左右，介於早餐與午餐之間，在歐美各國較為流行，目前許多早餐店或咖啡廳也陸續推出這種菜單，其特點是供應混合式菜餚，一方面有早餐清淡可口的食品，另一方面也有午餐豐盛的菜色。市場上仍以美式早餐為主流（如圖4-13）。

圖4-13　早午餐菜單

❖午餐菜單（Lunch Menu）

受限於中午短暫的用餐時間，所以一般商業午餐多以簡單、客飯、定食、便當為主，其特色是快速、簡便及售價較低。在西方國家，午餐常以一個三明治或一個漢堡裹腹，現今國內大眾已逐漸接受此種速食觀念（如圖4-14）。

❖下午茶菜單（Afternoon Tea Menu）

西方國家許多人會在02:30PM～05:00PM左右時段享用一些小點心或麵包，搭配咖啡、紅茶和牛奶等飲品。台灣目前享用下午茶的風潮盛行，除了飯店、咖啡館外，也出現許多專門經營下午茶的餐廳來搶攻市場（如圖4-15）。

圖4-14　商業午餐菜單

圖4-15　下午茶菜單

♣ 晚餐菜單（Dinner Menu）

　　一般而言，晚餐的用餐時間較長也較正式，所以餐飲食品內容豐富，售價比午餐高出二成左右。因為用餐者的心情是輕鬆愉快的，餐飲業者有更多的機會推銷酒類產品，以增加餐廳的營業額。另外，晚餐期間餐廳所供應的菜色內容應更豐富，品質也要比早餐與午餐來得更精緻考究，提升硬、軟體的服務（如圖4-16）。

♣ 宵夜菜單（Supper Menu）

　　供應時間多半在晚餐以後，菜色及口味亦有多種變化，可依個人狀況選擇是否進食（如圖4-17）。

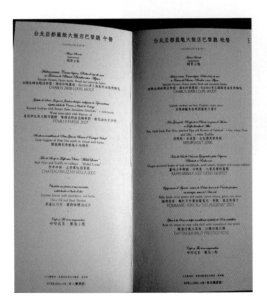

圖4-16　午、晚餐菜單

圖4-17　宵夜菜單

(三)依用餐對象區分

因個人身體狀況的不同或特殊身分,而研發各種特別的菜單來服務大眾,可分為兒童菜單、銀髮族菜單、宗教菜單和航空菜單等四種。

♣兒童菜單(Children Menu)

主要的目的是吸引兒童,而影響其父母攜家帶眷,全家一起前來用餐,菜色以簡單、營養為原則,份量不必太多,而價格要適中。最重要的是提供愉快熱鬧的用餐環境,讓孩童忙於用餐,無暇哭鬧,常見的兒童餐廳以色彩鮮豔且可愛的卡通人物或動物造型來包裝,並隨餐附贈玩具或其他小紀念品,使小朋友愛不釋手,流連忘返(如圖4-18)。

圖4-18　兒童菜單

♣ 銀髮族菜單（Aged Menu）

銀髮族在人口比例中有逐漸增加的趨勢，不僅改變了社會的人口結構，也對餐飲市場造成莫大的衝擊與挑戰，餐飲業者在面對高齡的長者，應設計營養、低脂高纖、少鹽分及糖分低的菜單食品，讓年長者在享用美食的同時也可以得到均衡的營養（如圖4-19）。

♣ 宗教菜單（Religion Menu）

受宗教信仰和文化背景的影響，顧客對於食物有不同的需求，不同的宗教有不同的飲食習慣，可在菜單上以文字和圖示來註記食材的原物料，以利顧客進行選擇（如圖4-20）。

♣ 航空菜單（Airplane Menu）

專為飛機上的乘客所設計，以簡易、衛生、均衡營養以及口味大眾化為考量。也可以添增一些國情風味的餐點來增加用餐的興致（如圖4-21）。

圖4-19　銀髮族菜單

圖4-20　宗教菜單

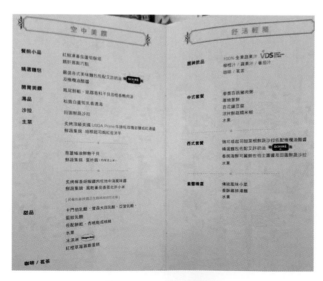

圖4-21　航空菜單

(四)依用餐場地區分

最常見的特殊場地菜單有宴會菜單、客房菜單及外帶菜單三種。受用餐場地之限制，進而影響食物的烹調方式和服務流程。

♣宴會菜單（Banquet Menu）

宴會餐飲是餐廳營業收入的主要來源，通常是為了顧客的特殊需求，如開會、幹部訓練、朋友聚餐、祝壽慶生及婚喪喜慶（如**圖4-22**）等活動而設計的餐飲服務，服務方式相當多元化，需求也因人而異。一般而言，安排宴會菜單的基本原則有下列十項：

1.餐食份量適中。
2.取材新鮮且應景。
3.菜餚口味由淡轉濃。
4.烹調方法獨特風味。

圖4-22　尾牙菜單

5.食材與配料力求變化。

6.考慮服務的順暢性。

7.考慮用餐者的偏好。

8.考慮宴會的形式與場合。

9.裝盛美觀，色彩柔和鮮艷。

10.依人數之多寡來決定供餐量。

♣ 客房菜單（Room Service Menu）

客房服務是旅館餐飲的一大特色，即旅館提供住宿旅客在客房用餐之服務。這類菜單設計以烹調容易、快速且運送方便為原則，所以菜單內容有限（如圖4-23）。另外，值得一提的是一般餐廳的服務費為10%，而客房服務費較高，通常為15～20%。

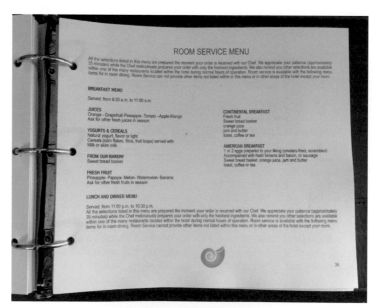

圖4-23　客房餐飲菜單

♣ 外帶菜單（Take-out Menu）

速食店最常採用此種方式，一般而言，可接受顧客親自前來購買或打電話訂購，並有專人負責送達之服務（如圖4-24），最典型的例子就是披薩店的外賣外送服務。

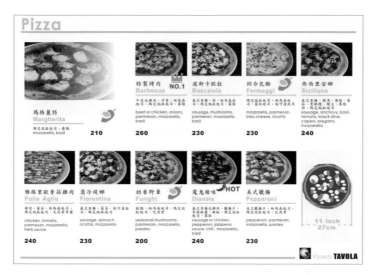

圖4-24　外帶菜單

(五)依市場區隔分類

菜單依據餐廳的市場區隔，可以分為中餐廳菜單、西餐廳菜單、咖啡廳菜單及自助餐菜單等四種。

♣ 中餐廳菜單（Chinese Restaurant Menu）

中餐廳的種類繁多，菜單各有特色，如台菜、川菜、江浙菜、湖南菜和廣東菜等。其中，川菜以口味取勝，強調酸、甜、苦、辣、麻、鹹、香七種味道；湖南菜則以肉類食品為主；而廣東菜取材昂貴，多以生猛海鮮、魚翅、鮑魚或手工點心為主（如圖4-25）。

圖4-25　中餐廳菜單

✤ 西餐廳菜單（Western Restaurant Menu）

「西餐之母」源自於義大利，而今日西餐主流為法國菜。西餐廳包含法式餐廳、義大利餐廳、家庭式餐廳及高級美食餐廳，這些餐廳提供的菜餚種類大同小異，同質性高，如湯類、開胃菜、主菜、沙拉、飲料等（如圖4-26）。

1. 法式餐廳（French Restaurant）：法式餐廳相當講究氣氛和服務，用餐過程強調美酒的功用，菜餚部分則以鵝肝醬（Goose Liver）、松露（Truffle）和魚子醬（Caviar）三大珍味來提升菜餚品質（如圖4-27），售價昂貴。

2. 義大利餐廳（Italy Restaurant）：國內的義大利餐廳有以平價的義大利麵或披薩為銷售之訴求，也有以高級精緻美食的高價位義大利餐廳（如圖4-28）來呈現。

3. 家庭式餐廳（Family Restaurant）：家庭式餐廳以菜色廣泛、用餐氣氛輕鬆為特色，價格一般較平實，適合全家大小一起用餐消費（如圖4-29）。

LAWRY'S
THE PRIME RIB
Taipei

勞瑞斯經典套餐
Lawry's Classic Set Menu

新鮮烘培餐包
Freshly Baked Dinner Roll

勞瑞斯經典冰坡翻單沙拉
Lawry's Original Spinning Bowl Salad

主廚創意開胃菜
Chef Creative Appetizer

蒸烤大西洋龍蝦尾
Atlantic Lobster Tail

任選右頁一種主菜
如選擇牛肋排主餐會搭配鮮調馬鈴薯泥、英式約克夏布丁餅。
和任選一種 Lawry's 招牌蔬菜：香濃蔬菜泥、奶油香甜玉米粒或奶香青豆
Any Main Course from Right Page
Choose Prime Rib Will Be Served with USA Mashed Potatoes, Yorkshire Pudding,
and Lawry's Signature Vegetables: Creamed Corn, Creamed Spinach or Buttered Peas.

主廚精緻甜點
Chef's Featured Dessert of the Day

義大利咖啡或各式花草茶
Italian Coffee or Fine Hot Tea Selection

葡萄酒類開瓶費 Corkage for Wine：NT$500/瓶   烈酒類 Liquor：NT$1000/瓶

圖4-26　西餐廳菜單

圖4-27　法式餐廳菜單

圖4-28　義大利餐廳菜單

圖4-29　親子餐廳菜單

4. 高級美食餐廳（Gourmet Restaurant）：以牛排、海鮮食品為主，提供高品質的菜餚和服務，讓顧客在視覺與味覺上感受到尊貴，售價昂貴。

圖4-30　咖啡廳菜單

♣咖啡廳菜單（Coffee Shop Menu）

　　快速、方便、簡單，以及不需要太多用餐時間為一般咖啡廳具有的特色，所以菜單種類有限、售價低廉、材料平實，一間個人主義濃厚的咖啡廳，滿載著店主的夢想及心意，給人輕鬆自在的休息空間（如圖4-30）。

♣自助餐菜單（Buffet Menu）

　　自助餐不管客人選用的種類和數量多少，按照每位客人的定價來收費。因此，在設計自助餐菜單時，必須要確實瞭解顧客群所喜愛的餐點方向，以及足夠的數量供客人自由選擇，滿足開胃菜、主食、家禽肉類、

圖4-31　自助餐菜單

海鮮、蔬菜、湯品、點心、飲料的設計結構。在菜餚成品顏色的編排、用餐會場的設計，以及餐點的溫度控制都是相當重要的因素。近年來，自助餐在不需要傳統的餐桌禮儀，以及免去了許多繁文縟節用餐程序的特色下，獲得社會大眾的喜愛，也是聚餐活動的一大選澤（如圖4-31）。

(六)依餐飲週期區分

菜單根據餐廳飲食的週期變化，可以分為季節菜單、固定菜單及循環菜單、單日菜單等四種。

♣季節菜單（A Season Menu）

用心經營且力求變化的餐廳，會根據食物的季節性，設計出不同季節的菜色，最常見的是以氣候冷暖而分為夏季菜單和冬季菜單（如圖4-32）。

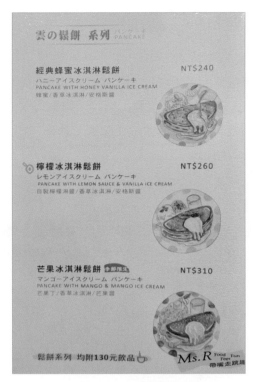

圖4-32　季節限定菜單

1. 夏季菜單：講求清淡爽口，不油膩，多半使用汆燙、涼拌或清蒸的烹調方式來處理。同時，也善用夏季盛產的水果來入菜，增添風味。
2. 冬季菜單：以燉補、養身食品為訴求重點，特別注重溫度。醬汁以濃郁風味為首選。

♣ 固定菜單（Fixed Menu）

固定菜單是指一份菜單內容使用一年或二年以上，甚至更久，原因是顧客來店用餐的頻率不高。常見的咖啡廳和連鎖餐廳便是採用固定菜單，餐飲業者應將菜色多樣化以增加消費者用餐時多重之選擇。

♣ 循環菜單（Cycle Menu）

菜單製作耗時費力，業者不可能經常更新菜單，而最有效率的方式，就是將數個菜單輪流使用，並以一套有系統的管理制度來作適度的調節（如**表**4-3）。循環菜單常用於學校、醫院、軍隊及員工餐廳，若是循環週期過短，會讓用餐者感到食品重複率頻繁；若是週期太長，則要審慎考慮原料的採購及儲存問題。

表4-3　**循環菜單之設計**

	星期一	星期二	星期三	星期四	星期五	星期六	星期日
第一週	A-1	A-2	W-1	A-4	A-4	A-5	S-1
第二週	A-6	A-7	W-2	A-8	A-9	A-10	S-2
第三週	A-11	A-12	W-4	A-13	A-14	A-15	S-3
第四週	A-16	A-17	W-5	A-18	A-1	A-2	S-4
第五週	A-3	A-4	W-1	A-5	A-6	A-7	S-1
第六週	A-8	A-9	W-2	A-10	A-11	A-12	S-2
第七週	A-13	A-14	W-3	A-15	A-16	A-17	S-3
第八週	A-18	A-1	W-4	A-2	A-3	A-4	S-4
第九週	A-5	A-6	W-1	A-7	A-8	A-9	S-1
第十週	A-10	A-11	W-2	A-12	A-13	A-14	S-2

♣ 當日菜單（Today's Special, Carte du Jour）

業者針對促銷或商品宣傳所推出的當日菜單，增加菜色的變化與豐富性（如**圖**4-33）。

(七)依佈置型式區分

根據菜單的表現方式，可以分為桌墊式菜單、懸掛式菜單和摺疊式菜單等三種。

圖4-33　當日菜單

♣桌墊式菜單（Placemat Menu）

　　菜單上大多印有豔麗的圖形或景象（如圖4-34），可放置實物照片或以立體的印刷品呈現，適合簡餐廳或非正式的餐飲場所使用，菜單內容係提供綜合性的食品及飲料。此外，還有一種稱為菜卡（Tent Card）的模式（如圖4-35），運用折疊方式或是壓克力架讓菜單能夠站在餐桌上，方便顧客閱讀。

♣懸掛式菜單（Hanging Menu）

　　菜單內容以推薦當日特餐和行銷的強打商品為主，包含菜名、菜餚特色及金額，此種展示方式的主要目的，是希望能引起消費者注意，進一

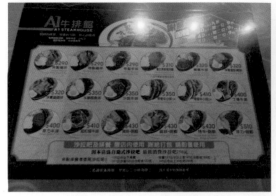

圖4-34　桌墊式菜單

圖4-35　菜卡

步推銷特價食品，常見的有垂吊式、海報式與立架式等三種。

1.垂吊式：菜單由天花板向下方垂掛，吊於餐廳易見處。最好是用硬紙板和帆布製作，採用較為搶眼的色系，以引起消費者的注意（如圖4-36）。

2.海報式：將菜單印刷在牆面上，或在牆面上直接貼上菜單的品項，讓顧客一目瞭然，不必為點菜這道手續而大費周章（如圖4-37）。

3.立架式：將菜單放在一個固定的展示架上，置立於餐廳門口，以供

圖4-36　垂吊式菜單

圖4-37　海報式菜單

圖4-38　立架式菜單

　　來往行人參考，使顧客事先知道餐廳供應的菜色與食物飲料之內容及價格，再決定是否入內用餐（如圖4-38）。

♣摺疊式菜單（Folding Menu）

　　通常正式的餐宴會場都會選擇折疊式菜單，內容包含封面、菜名、價格、文字敘述、封底。依照設計模式常見的有單頁式、折頁式（對折式、對折門扇式、兩摺式、三摺式）、多頁式等（如圖4-39）。

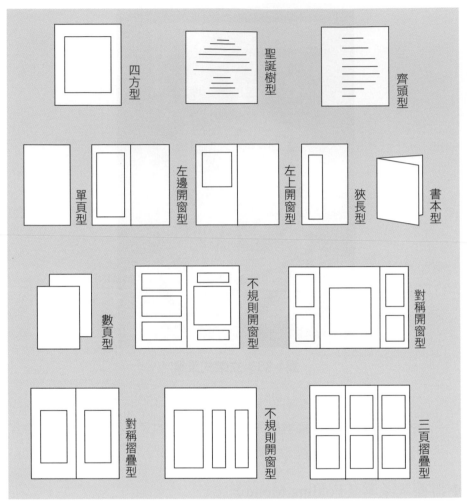

圖4-39　菜單設計的配置形式

二、菜單編製的依據

　　菜單設計是一項複雜的工作過程，涉及的範圍更是廣泛，從餐飲食物材料的儲存、準備、製作到上菜的全部過程，皆不能掉以輕心。所以，我們在設計菜單時應考慮市場、成本、設備、人員、服務供餐型態等各種因素，根據這些因素編製符合顧客需求的菜單。

(一)市場需求

　　菜單設計者應明確知道餐廳的目標市場及消費定位，瞭解菜單是為誰設計，而那些人的社會背景及生活習慣又如何，例如性別、年齡、職業、宗教信仰等，當對他們越瞭解，就越能抓住商機。

♣性別

　　不同性別的消費者會有不同的飲食口味和飲食需求量。根據美國2008年國際新興感染疾病會議上的研究發表中發現，男性喜歡肉類和家禽，特別是鴨肉、小牛肉、火腿和貝殼類食物；女性愛吃蔬菜和水果，特別是胡蘿蔔、番茄、蘋果與莓果類水果。

♣份量

　　男性顧客比女性顧客的食量大，胃口佳。例如，西餐廳將牛排份量分為12盎司、8盎司、6盎司等不同重量，客人可以按照自己食量的大小自由選擇。

♣口味

　　為男性顧客設計一些富脂肪、蛋白質及碳水化合物的食物；女性顧客的菜色則是清淡不油膩，素食蔬果尤佳。

♣ 需求

男性顧客重量，用餐講求裹腹與份量多寡；女性顧客重質，對環境較為敏感，重視服務細節。

♣ 年齡

顧客因年紀大小而有不同的閱歷與經驗，對食物的感受、看法也會有所不同。

1. 經歷：隨著年齡的增長，對食物飲料的承受範圍愈廣。
2. 習性：年紀較長的顧客，講究食物的營養衛生，能節制不良的飲食習慣，特別強調養生之道；相較年長者，年輕人則多憑個人喜好，講究求新求變，容易暴飲暴食。

♣ 職業

不同工作性質的顧客，因熱量消耗的不同，而選取不同的食物。

1. 藍領階級：以工人或勞動者為主，工作時付出相當大的勞力，所以在食物的選取上，必須能飽食一頓，才有體力工作。
2. 白領階級：以經營者或管理者為主，工作性質異於藍領階級，所以在食物的選取上，特別注重口感，充分享受用餐氣氛。

♣ 經濟狀況

因所得的高或低，使消費者對餐飲產品的品質或數量，各有不同的要求。

♣ 宗教信仰與民族習性

宗教與民族習性因素，對顧客的購買心理產生非常直接、重大具體

的影響。比如回教徒不吃豬肉及豬肉製品，餐廳千萬不可對他們供應此類產品。為此，在世界餐廳體系建立起「清真認證」（Halal Certification）制度，來滿足十六億穆斯林人口的飲食行為。所謂的「清真認證」在阿拉伯文‎ﺣﻼل‎意思是「合法的」（如圖4-40），符合伊斯蘭教規範的食品、藥品和化妝品認證，從原物料開始到產品處理每一環節都要符合規範，且內容物不得含有豬肉與酒精成分。

圖4-40　清真認證標示

(二)食品原料供應情形

餐廳對於菜單上各種菜餚的材料，必須由廚房無條件地保證供應，這是一項相當重要但極易被忽視的經營原則。因此，在設計菜單時，就必須充分掌握各種原料的供應情況。

♣供應現象

按照季節變化之情形做合理的調整，掌握購買食品原料的最佳時機，價格合理並符合質與量的規格需求。

♣ 庫存情形

重視餐廳現有的庫存原料，特別是那些易損壞的食品，必須加強促銷，例如海鮮產品容易腐壞，要多注意食用期限。

(三)食物的色澤品種

不論何種風格的餐廳，都應該提供誘人有特色的菜餚，尤其是各種食物在色、香、味、形與溫度方面的搭配，讓顧客在進食前，便能感受到食物的美味，令人食指大動。

♣ 色彩

人們往往透過視覺印象對食物進行第一步的鑑賞，看上去味美典雅或賞心悅目，就可以說是成功的色彩組合。菜餚顏色的配合，必須利用配料而將主料襯托出來，一般的配料方法有兩種，一是順色配料；二是花色配料。

1.順色配料：就是主料與配料的顏色一致，如暖色配暖色。
2.花色配料：就是主料與配料的顏色不一樣，如寒暖色系互相變化。

♣ 滋味

包括菜餚的香味、味道及質地。食物的質地即是人們慣稱的「口感」，指食物的軟、嫩、酥、脆等，在備製一份菜餚時，除了注意選擇口感相配的原料外，還應考慮烹調方法，才能提高菜餚的質與量，而不會失去食物的最佳口感。食物的味道一般分為酸、甜、苦、辣、鹹五種，在製作菜餚的時候，必須同時發揮食物的香味、味道及口感，用餐者才能充分體會食物的滋味。

❖形狀

食品原料的形狀不但會影響菜餚外觀的協調，更對烹調的質量造成阻礙，形狀配合的一般原則是「塊配塊」、「片配片」、「丁配丁」、「絲配絲」，但也不是一成不變的，有的菜餚需要有獨特的形狀，如將原料切成球形、扇形或花形等。設計菜單時應注意到菜型的配合，做到有片、有丁、有絲，避免過於雷同，而顯得單調乏味。

❖溫度

溫度對菜餚而言，占有非常重要的作用。冷盤一定要低溫，而熱湯就應熱氣騰騰、香氣四溢。此外，溫度的對比也十分重要，即使是炎熱的夏天，菜單上也要有幾道熱食；同樣地，在最寒冷的冬季，也要製作幾道冷盤，供消費者選取。

(四)食物的營養成分

人們透過消化、吸收等過程，以攝取食物中的營養素，從而促進生長發育。營養素能調節人體生理機能及產生能量，人體所需要的營養素主要有蛋白質、脂質、碳水化合物、無機鹽和水等，這些必須從食物中獲得，所以食物是生命活動力的主要來源，因此如何設計出有營養價值的菜單是菜單設計者最大的挑戰。

(五)餐飲用具與設備

值得一提的是，餐廳要考慮到廚房的設備與設施條件，不可盲目設計菜單，以免發生運作上的失調現象。先行購置設備機器、招聘人員，然後再編列菜單的作法，無疑是本末倒置，餐飲經營者必須儘量避免此類情況的發生。

(六)飲食的供應型態

不同的飲食供應型態，會有不同的飲食需求，茲舉出常見的五種用餐類型，如餐桌服務、櫃檯服務、外賣服務、自助式服務及路邊攤服務等五種，分別說明如下：

♣ 餐桌服務（Table Service）

指餐廳具備餐桌、餐椅及服務所需之相關設備，當顧客由領檯員引領進入餐廳後展開一連串的服務流程。服務人員依據顧客點單內容填寫點菜單，再端送菜餚至餐桌上，待客人用餐完畢後清理殘盤。此類型的服務人員必須接受專業的訓練，具備完整的服務知識和技巧，才能勝任餐桌服務的工作。餐桌服務是目前餐飲業最普遍的服務方式，也是顧客認為最具消費價值的服務型態。此種服務方式十分周全，客人只要就坐於餐桌前，便可享用到所需的餐飲（如圖4-41、圖4-42、圖4-43），餐桌服務依服務方式可分為法式、英式、美式、俄式、中式、日式等。其中的法式、俄式與日式三種服務方式，菜單設計較為精緻，菜單項目包含六種（即開胃菜、湯類、魚類、肉類、點心及飲料）；而美式與英式服務，菜單設計較簡單，包括四種菜單項目（即沙拉、湯類、魚肉類擇其一、點心及飲料）；菜單設計較為豐富的中式服務，菜單項目繁多，計有前菜四種（即兩道冷盤、兩道熱炒，或四道均熱炒）、主菜六種（即海鮮、乾貨、家禽、家畜、蔬菜及豆類）、點心兩種（甜或鹹口味）。總之，不同的服務方式具有不同的菜單結構。因此，餐桌服務的特性為：

1. 一般餐廳最常採用的服務方法就是餐桌服務。
2. 特別重視服務的品質。
3. 服務人員必須接受良好的職前講習、在職訓練及職後學習等過程，方可勝任。
4. 可提供親切周到的個人化服務並展現服務人員的專業技巧。

圖4-41　西餐廳照片

圖4-42　中餐廳照片

圖4-43　餐桌服務

5.是一種迅速有效率的服務方式。

♣ 櫃檯服務（Counter Service）

在餐廳廚房與外場中設置服務台，透過不同型態的菜單、模型或圖片來接受顧客點餐，廚房烹製完成的菜餚再由顧客自行取餐端至餐桌區用餐。在服務台後方的廚房經常以開放式廚房（Open Kitchen）來進行設計，著重於與顧客之間的互動，讓顧客可以在候餐過程中欣賞廚藝的展現，提供即時性服務。常見於鐵板燒餐廳、速食餐廳、百貨公司美食街等（如圖4-44、圖4-45），櫃檯服務的特性為：

1.餐廳內設有開放式廚房，廚師直接將烹調好的食物由服務台傳送給客人，特別重視現場表演所帶來的附加價值。
2.顧客用餐迅速，所花費的時間較短。
3.提供較為快速簡便的食物或飲料。
4.顧客與廚師交流頻繁，重視服務品質與速度。
5.菜單內容與烹調方式較單一，廚房空間不需要太大。

圖4-44　櫃檯服務（鐵板燒）

圖4-45　櫃檯服務

♣外賣服務（Take-out Service）

此種餐飲的供餐空間不大，只要能將食物包裝好，由顧客至現場購買或打電話訂購即可，注重食物的易於攜帶性及方便性，如烤鴨、點心、披薩、漢堡等（如圖4-46）。因此，外賣服務的特性為：

1.外賣服務不需要很大的供應場所。
2.顧客可親自至該店購買或透過電話預訂。
3.注重食物包裝，強調易於攜帶性及迅速性。

圖4-46　外賣服務

♣自助式服務（Self Service/ Buffet）

將所有製作完成的餐飲食品置於供應台上，由客人依自己的喜好來取用食物，餐廳可依不同的菜單項目將食物分成獨立的自助餐檯，如沙拉

吧、點心吧、飲料吧等。常見的自助式服務有三種：

1.速簡餐（Cafeteria）：依顧客取用的餐食種類、重量或數量多寡結帳，顧客再自行端著餐盤在用餐區尋找座位進餐（Cafeteria在法文是指廚房之配膳檯）。國內學校或機關團體的員工團膳餐廳、居家附近的自助餐店皆屬於此類服務，例如IKEA（如圖4-47）。

2.自助式（Buffet）：用餐以人數作為計價單位，每個人付出固定的價格可享有「吃到飽」的權利（如圖4-48）。

圖4-47　速簡餐服務

圖4-48　自助餐服務

3.半自助服務（Semi-buffet Service）：顧客可依本身的喜好點選主
　菜，即可享用餐檯上的沙拉吧。廚房烹製完成的主餐由服務人員端
　送至餐桌上進行服務；以點選的主餐價格來進行收費，也有顧客專
　程享用沙拉吧，業者也可對此另行制定價格來收費（如圖4-49）。

SET BREAKFAST MENU

Price is determined upon application; venue hire may be applicable pending numbers

Enjoy our buffet selection plus an individually plated hot breakfast

CONTINENTAL BUFFET BREAKFAST

Croissants and Fruit Muffins
Danish Pastries
Fresh Fruit Platters
Percolate coffee and a selection of teas
100% fruit juices

HOT BREAKFAST – INDIVIDUALLY PLATED

TRADITIONAL BREAKY
Bacon, sausage, grilled tomato, hash brown, sautéed mushrooms
Scrambled egg on English muffin

OR

FRESH PANCAKES
Cooked to order
Served with fresh strawberries, double cream and passion fruit syrup

EXECUTIVE CHEF Andrew Taylor
We apologise for having to apply a surcharge of 15% on Saturday, Sunday & public holidays. This is applied to partly
offset weekend & public holiday penalty labour rates. A 3% merchant fee is applied to Amex & Diners.
Vegetarian or Celiac option available please discuss with your waiter

圖4-49　半自助式菜單

自助式服務的特性為：

1.將各式菜餚備妥置於餐桌上，由客人手持餐盤自行取用。

2.餐廳應注意餐桌與盤飾的佈置，使顧客感到十分隆重。

3.顧客不必久等，又可節省服務人員之精力，可說是一舉兩得。

4.用餐自由無拘束，隨到隨吃沒有份量限制。

5.菜色種類繁多，可提供不同族群選擇。

6.短時間可提供大量顧客用餐。

7.業者可隨食材季節或成本考量調整內容，掌控食材成本。

♣路邊攤服務（Refreshment Stands Service）

菜單項目固定，多為具有獨特風格的小吃，服務方式簡單，食物的單價較一般餐廳低，顧客用餐只求飽食一頓，不會強調其他的附加價值（如圖4-50）。因此，路邊攤服務的特性為：

1.餐食有限，菜單項目固定，顧客對食物的選擇空間降低。

2.不會收取額外的服務費，所以較不注重服務流程。

圖4-50　路邊攤

3.強調付現，顧客用餐完畢後，就必須付帳，此種服務通常為小本經營，恕不讓客人賒欠。

(七)餐廳工作人員的能力

廚師是餐廳的靈魂人物，若能製作出美味佳餚，成為餐廳的特色，就不怕沒有顧客上門品嚐，所以廚師的烹飪技巧和技術水準，成了設計菜單時首要考慮的因素之一，否則設計了某道菜餚，卻沒有人會做，則菜單無效。一般餐廳為了吸引顧客，特地聘請學有專精的廚藝人員掌廚，讓許多慕名而來的消費者能享受美味的食物。

(八)食品的原料成本與銷售能力

食品的生產與銷售都要考慮到成本與價格。若成本太高，顧客接受程度低，該餐飲食品就缺乏市場；如果壓低價格，影響毛利，又容易產生虧損現象，因此在制訂菜單時，必須考慮成本與價格兩個因素。一般來說，菜單上所有餐點的銷售情形和獲利能力，大致可分為四種情況：

1.第一類：既暢銷又高利潤。
2.第二類：不暢銷但高利潤。
3.第三類：雖暢銷但低利潤。
4.第四類：既不暢銷又低利潤。

就上述四類情況來看，第一類餐點一定要列入菜單中；第二類餐點則不妨留在菜單中，因為它不夠暢銷，所以不會影響其他菜餚的銷售，保留此種餐點能讓菜單更加多彩多姿；第三及第四類餐點則不應列入菜單中，除非有充分理由將其保留，否則應及時撤換，以免危及餐廳生意。

三、菜單的項目

菜單的基本作用是告訴顧客——餐廳或飯館能為他們提供何種菜餚，並說明各式菜餚的做法。除此之外，也要讓顧客知道每道菜的價格，以協助客人在餐飲食物與產品價值上作良好的判斷，所以一份製作精美詳實的菜單，應具備菜單封面、菜名、文字說明、價格、推銷特殊菜色及訊息告知等六個部分。

(一)菜單封面

想要製作一份具有吸引力及說服力的菜單，實在不是一件容易的事，除了尺寸及設計方面要易於使用，內容更要搭配餐館的整體氣氛。其中，最重要的可以說是菜單的封面，因為封面是菜單的門面，是顧客最早接觸的部分，一份設計精良、漂亮又實惠的菜單，往往成為餐館的醒目標誌，可以連帶起促進銷售（如圖4-51）。

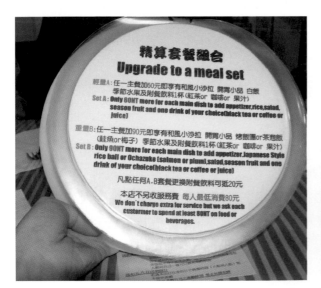

圖4-51　風格造型菜單封面

♣ 封面的圖案

　　菜單封面的圖案要能展現餐廳的特性與特色，給人最直接的聯想，一看到菜單封面就知道餐廳的經營風格。例如，經營的是俱樂部餐館，那封面就應該具有時代色彩；同樣地，如果經營的是古典式餐廳，菜單封面就要古色古香，充分顯現出藝術氣息，才能達到相互輝映的效果。

♣ 封面的色彩

　　菜單封面的色彩要與餐廳環境相匹配，色調應該柔和協調，讓顧客感受餐廳的整體性。紅色會刺激食慾，而黃色吸引了我們的注意力，兩者的結合是最好的顏色配對。

(二)菜名

　　每道菜的名稱最好是簡單明瞭，讓人容易瞭解。因為未曾嘗試過菜餚的顧客，往往會依據菜名選擇食物項目並寄予厚望，期許自己所點的菜能名副其實，藉此享受一頓美好佳餚。

♣ 真實性

　　菜餚的名稱、品質及食品的產地應具有真實性，才不會導致前來用餐的客人無所依循。

1. 菜餚名稱：菜名應該好聽，但必須真實，不能過於離譜。充滿想像而故弄玄虛的菜名應該儘量避免；另外，不熟悉或不符實際的菜名，不容易被顧客接受，應予以淘汰。
2. 菜餚品質：食物的材料與規格要符合菜單上的介紹，不可偷斤減兩，欺騙顧客。例如顧客選用12盎司的沙朗牛排，餐廳就不能供應低於此磅數的份量，也不能擅自改用其他部位的肉品。

3.食品產地：食物的原產地要與菜單上的介紹一致，不可以掛羊頭賣狗肉，隨便應付客人，例如顧客用餐指定美國牛肉，那麼材料必須是美國進口的牛肉，千萬不可以用澳洲或紐西蘭的牛肉取代。另外，食品的新鮮程度應正確，如果菜單上寫的是新鮮蔬果，餐廳就不應該提供冷凍或罐頭食品。

♣ 正確性

如果是外文的菜單，餐廳應提供正確的菜名讓顧客使用，尤其是西餐廳，必須特別注意，避免將菜單中的英文或法文名字搞錯及拼寫錯誤，以免留給客人不好的印象，因而對餐廳產生不信任或品質管制不嚴格的感覺。

♣ 易讀性

不管餐廳提供的是中文或外文的菜單，應該讓客人方便閱讀，尤其是外文菜單，除了要有順暢的中文說明，最好也能提供原文加以對照，以示負責。飲料名盡可能不要超過五個字，例如「義大利濃縮咖啡」可寫為「義式濃咖啡」。

♣ 心理性

符合消費者的用餐心理需求，當今的消費者愈來愈重視養生以及有機的飲食。在取名時可以加強餐點的特色，例如將「蔬果沙拉」改為「纖食沙拉」等。

(三)文字說明

有些菜餚的製作手續繁雜，如果只看菜名，是無法體會此道菜餚的精髓，因此透過詳盡的文字敘述，以協助顧客明瞭此道菜的精華所在，這

是所有餐飲業者的責任。

♣ 敘述食物製作程序

一道菜餚的主要配料、輔助調味品、烹調方法及份量,應該明白標示於菜單上,餐飲業者不可省略此項說明。

1. 主要配料:要註明材料的規格及使用部位,例如五花肉還是里肌肉、沙朗還是菲力;標示食材的產地,例如美國牛肉、澳洲牛肉等,尤其在爆發食安問題和疫情時,更需標示清楚以保障顧客的權益。
2. 調味用品:有些顧客對某類調味用品不喜歡或會產生過敏,因此必須在菜單上加以說明使用何種調味品,如四川菜館的菜單上應註明各項菜餚是否均使用辣椒調味;醬汁需註明是否含有花生的成分等,讓顧客能在安全的情況下享用佳餚。
3. 烹調方法:菜餚的烹調方法種類不計其數,在菜單呈現上應要完整的標示其方法,便於顧客進行選擇。例如油炸、燒烤、生食等,避免因個人的飲食習慣而產生後續抱怨與不滿。
4. 菜餚份量:客人可依自己的食量大小,選擇合適的用餐份量,以免造成不足或浪費的情形。

♣ 協助顧客選用菜餚

有時顧客單憑菜名,很難看出餐廳提供的食物是什麼,尤其是面對西式餐飲的菜單時,更讓人無所適從,此時,若能加入一些文字描寫,可以使一些好奇又不清楚西式烹調的顧客,選用自己所喜愛的餐點,而不再視點菜為畏途,更能避免因不會點菜所帶來的尷尬場面。例如「Any Pork in a Storm」翻成中文稱為「暴風雨豬肉」,若不加以介紹顧客很難瞭解餐點內容。因此,可以在菜單下方註明食材的內容與簡易的烹調方式,例如「山核桃燻鹹肉、瑞士奶酪,以及海甘藍沙拉搭配法式麵包」。

♣ 節省顧客點菜時間

在菜單上對食物產品進行說明有一項非常大的好處，就是客人可以自行閱讀菜單上的敘述，不必透過服務人員向客人一一介紹，進而減少顧客選菜的時間。

(四)價格

菜單上應明確列出每道產品的價錢，目的是讓顧客對餐飲產品和價值兩者之間產生認同，內心感到值得而選用此道菜餚。此外，也可讓顧客在點菜時，考量自己的用餐經費，以免發生所帶的錢不夠支付餐費之窘境。除非是私人宴會的菜單，因為菜色已經確定，價格也由主人出面與餐廳商議，此時菜單所扮演的角色是指引客人，明瞭出菜順序而已，為求禮貌自然不必標示價格，否則一般餐廳在使用的菜單上，還是應該將價格明確標示出來。

(五)推銷特殊菜色

菜單上應將餐廳提供的特殊菜餚另作介紹，才能增加此道菜餚的銷售量，究竟什麼樣的菜色需要特別推銷？該如何進行推銷呢？

♣ 特別推銷的菜色

餐廳在設計菜單時，應考慮顧客對菜餚的接受程度，特別是針對招牌菜及利潤豐厚的食品，必須有足夠的銷售能力，才能締造營運佳績。

1.餐廳的招牌菜：一家餐廳必須有獨特的菜餚口味，成為大眾指定品嚐的餐點，這道菜的主要目的是使餐廳出名，眾所皆知。既然是招牌菜，價格就不能太貴，必須讓消費者皆能一飽口福，輕易取用。

2.利潤高的食品：餐廳對於利潤豐厚、價格昂貴及烹調容易等願意多
　銷售的菜，應列在菜單上最醒目的位置，才能引起消費者的注意，
　進而點選此道菜餚。

❖ 特別推銷的方式

　餐廳對於菜單上亟欲強力促銷之餐飲，可透過一些特殊的處理方法
來吸引消費者，通常使用的方法有：

1.位置：放在菜單上引人注目的區域。
2.圖片：附上菜餚的彩色圖片。
3.字體：用粗字體或特殊字體強調菜名。
4.線條：採用圖框或其他線條，以突顯菜名。
5.說明：對特殊菜餚詳加介紹與推銷。
6.展示：將成品置於陳列櫃內或以大型文宣物品展示（如圖4-52）。

圖4-52　食物模型陳列

(六)訊息告知

每張菜單都應該提供一些充分且必要的訊息，以傳達給消費者，使其明瞭，這些訊息包括餐廳的名稱、地址、電話號碼、營業時間、服務費及最低消費額等項目。

1. 餐廳的名稱：通常將餐廳的名稱置於菜單的封面，以加深客人對餐廳的印象，期許客人再次蒞臨消費。

2. 餐廳的地址：一般將餐廳的地址列在菜單的封底下方，讓顧客明白餐廳的地理位置，有時還會將周邊的相關建物一同標示出來。

3. 電話號碼：通常會和餐廳的地址合併列出，方便顧客聯絡其他親友或洽談公事。

4. 營業時間：餐廳的營業時間常列在封面或封底，提醒客人注意餐廳的供餐時間。

5. 服務費：如果餐廳必須對顧客加收服務費用，應該在菜單的內頁上註明。例如在菜單裡寫上這樣一句話：「所有項目均按定價再加收一成的服務費」。

6. 最低消費額：最低消費額的多寡，一般皆由餐廳或飯店自行訂定，沒有一定的標準，主要目的是藉此彌補成本或獲取盈利。

7. 分店資訊：連鎖體系的集團或餐廳可在菜單中展露出其他分店的資訊，提供顧客作為下一次的消費選擇參考依據。

8. 餐廳官網：餐廳的官方網址明列在電話或其他資訊下方，也可以設計「QR Code」的方式，提供顧客快速掃描進入查閱，透過「FB打卡按讚」活動，引導客人加入粉絲專頁進行關注，達到行銷宣傳目的。

四、菜單的組合

一般飯店常見的菜單，有早餐、午餐、晚餐、宵夜菜單、兒童菜單、客房菜單、宴會菜單、自助餐菜單、酒單等，如何能夠將多種屬性類似的菜單組織編排融合為一張菜單來呈現，簡化更換菜單的時間並且可以達到宣傳的效果。如果以一間經營早、午、晚餐的餐廳來說，可以使用兩摺或三摺式的菜單模式，因早餐菜單的選擇項目較少，直接印製在菜單的封底。服務人員遞送菜單時直接將菜單面朝客人；午餐時段的菜單則印製在某一面、晚餐時段的菜單印製在午餐菜單的另外一面。這樣只要一本菜單就可以完成一日的點餐。另外一種方式則可以將所有的菜單列出，並以顏色區隔不同餐期的內容，確實標明各餐期供餐的時段也不失為一種方式。

若是餐廳以每日特餐或是不定期的推陳出新的套餐優惠時，除了全面更換菜單外，也可使用活頁更換的方式，將要促銷的菜單放入。一般常見的會將菜單本的第一面作為促銷專區，可輕鬆地將菜單內容抽換。也可以使用桌上型的壓克力桌卡來促銷。

五、菜單安排的要領

為了提供一頓完美的佳餚，無論中餐或西餐的餐飲經營者，在安排或組合菜單時，必須注意的原則有菜餚份量適中、菜色口味由淡轉濃、菜單項目不重複出現、考慮季節與價格、考慮宴會的型態與場合、考慮用餐者的人數與偏好、考慮服務和製作的可能性，以及給予顧客最大的決定權力等八項，茲將各項分別敘述如下：

(一)菜餚份量適中

　　菜餚的份量依用餐人數之多寡而予以增減，為了讓用餐者能夠吃得飽，餐廳通常提供每人400～500公克淨重的食物，這只是一般的平均重量，沒有一定的標準，常依個人的食量大小而有所不同。餐廳如何將菜餚份量拿捏得恰到好處，不至於讓客人感到不足或過量，這個問題值得餐飲業者深思熟慮，最簡單的方法是根據累積的經驗加以判斷。

(二)菜色口味由淡轉濃

　　設計菜單時，應將菜餚口味加以分類，即清淡的菜色歸為同一類，而濃烈的菜色為另外一類。餐廳對於菜式口味的安排必須由清淡漸漸轉為濃烈，避免前面上的菜，其味道壓過後面上的菜，讓人無法體驗各道菜餚的特殊口味。另外，值得一提的是，前幾道開胃菜的份量不宜過多，只適合稍作品嚐，刺激一下味蕾即可，以免影響後面各式菜餚的進食情形。

(三)菜單項目不重複出現

　　在設計或組合菜單時，必須考量菜單項目的整體性，為了使菜色發揮最大限度的色香味，又能維持營養，菜單設計者應該致力於菜色的美觀與變化，透過廚藝人員精湛的手藝，製作出味美、色彩豐富、可口營養的菜餚，將每一道菜的材料、作法、刀法、顏色以及形狀多作嘗試，呈現各種不同的烹調方式。如果前面的菜切塊，後面的菜就不切塊。如果前面出現過油炸的食物，後面絕不再有相同的油炸食物。無庸置疑地，白肉類（如雞肉、豬肉或海鮮）、紅肉類（如羊肉或牛肉）等都不可以前後出現二次。另外，器皿上的裝飾菜也一樣避免重複出現，以免破壞菜餚的整體造型。

(四)考慮季節與價格

餐廳提供的菜餚必須能與當時的季節密切配合，儘量使用應景的菜式或新鮮的材料，因為供應新上市的食品，會給人一種清新舒暢的感覺，讓人想要大快朵頤一番。人的視覺與味覺會受季節的變動而產生影響，所以在春天、夏天及秋天這三個季節裡，餐館所供應的菜餚口味要清淡一些，顏色也要輕柔清新；而在寒冷的冬季裡，菜餚以味濃色深為宜。餐飲食物的價格往往是根據成本來訂定，因此所開出的菜單必須在成本目標的範圍內才行，這也就是說，價格的高低會決定品質的好壞，如果因品質太差而招致顧客抱怨，進而影響該店聲譽，實在是得不償失，所以餐飲業者應該用心設計低價格的菜單，改善不良的服務態度，將餐廳經營成平民化、大眾化的用餐場所。另外，瞭解客人的用餐預算，也是一件非常重要的事，唯有掌握顧客的用餐經費，才能確定菜單項目的內容與品質。

(五)考慮宴會的型態與場合

餐廳會依據宴會的舉辦型態與特性，而提供各式不同種類的菜色，此外，將菜式種類的比重作適當的調整，必須把握宴會的形式，才能決定適合的菜單。不同的宴會場合也有不同的特殊菜式，例如客人舉辦慶生宴會時，餐廳常會安排壽桃、壽麵以祝賀客人生日快樂。

(六)考慮用餐者的人數與偏好

餐廳應該根據用餐者的人數而提供適中的菜餚份量，避免產生不足與過量之情形。自助餐雖然是各吃各的，較不受到人數的影響，但是一旦發生人數過度的情況時，還是會有應接不暇的弊病產生，所以餐廳應考慮採用較為方便製備與服務的菜式。用餐者的偏好也是餐廳應考量的重點之

一，來店用餐的消費者各有不同的生活習慣，對於味道的選擇，也會因人而異，各有不同的喜好。如果經營者能瞭解顧客的偏好，則有助於菜餚與材料的選定。

(七)考慮服務和製作的可能性

餐飲經營者應注意原料的供應情形、安全庫存量、廚房的設備、廚師的技藝、成品的製備時間以及服務人員的能力，才能開出最成功、最完美的菜單。

(八)給予顧客最大的決定權力

每個人的要求皆不盡相同，只要能讓顧客滿意，而價格又能達到供需雙方的共識，那就可以算是最好的菜單。所以，除非客人主動詢問服務人員的意見，否則服務人員不該擅自替客人做決定，應將最後的決定權留給顧客。

Chapter 5

菜單的製作

🍩 一、菜單製作原則

🍩 二、菜單製作要求

🍩 三、菜單製作常見的通病

　　製作一份嚴謹的菜單，是餐飲經營致勝的先決條件。餐廳經營者在著手研擬菜單之前，必須審慎考量本身的內在條件及外在環境等因素，以循序漸進的方式，建構最適合該餐廳經營型態的菜單。本章擬將菜單製作的原則、要求及製作上常見的通病加以陳述，藉此說明菜單製作的過程。

一、菜單製作原則

　　一份成功的菜單要能反映出飲食口味的變化和潮流，才能符合消費者的需求。

(一)菜單製作五項原則

♣品質優越，創意領先

1.新鮮度（Fresh）：
　(1)食物材料的新鮮程度是否符合規定。
　(2)注意食品的安全存量，若有不足，即時予以補充。

2.奇特性（Peculiar）：
　(1)對於食品的品質與數量詳加控制。
　(2)製作特殊的菜色，以滿足各種類型消費者的需要。

3.異質性（Different）：
　(1)提供與眾不同的飲食口味。
　(2)採用循環性菜單，以豐富菜單內容。

4.稀奇性（Unusual）：
　(1)研發獨一無二的招牌菜。
　(2)根據市場趨勢與潮流，作適當的調整。

5.安全性（Safe）：

(1)食品是否可以安心食用。

(2)確保產品的可食性，是否達到衛生安全之標準。

♣ 廚藝專精，價格合理

1.產品的有效性（Product Availability）：

(1)食品原料有無季節性。

(2)食品原料是國產貨或需仰賴進口。

2.產品的適合性（Product Suitability）：

(1)食品是否廣被消費者接受。

(2)食物是否合乎當地的風俗習慣。

3.產品的多樣性（Product Variety）：

(1)菜單是否獨特有變化。

(2)食品飲料有無替代品。

♣ 行銷高明，供需均衡

1.產品的可售性（Product Salability）：

(1)菜單是否易於銷售。

(2)食品是否有足夠的行銷管道。

2.產品的有利性（Product Profitability）：

(1)食品銷售對業者而言，是否有利可圖。

(2)是否能滿足市場的需求與利益。

3.產品的均衡性（Product Balance）：

(1)產品是否能滿足消費者的營養需求。

(2)供給者與需求者之間，是否能達到平衡。

♣ 重視員工，強調專業

1.員工製作能力（Staff Capacity）：

(1)員工的工作技巧及效率會影響餐食的供應。

(2)應給予員工充足的工作時間來完成各式菜餚。

(3)訓練有素且技術優良的專業人員，才能確保食物品質。

2.機械生產能力（Equipment Capacity）：

(1)廚房設備最能展現食物在製備上的潛力。

(2)是否有足夠且適合的用具來製備食物。

(3)是否有足夠的爐面及烹調用具，以適合菜單需要。

♣ 服務顧客，掌握市場

1.餐廳的種類（Type of Restaurant）：

(1)餐廳種類對菜單製作造成莫大的影響。

(2)食物的烹飪方式和菜色因餐廳種類而有差別。

(3)不同類型的餐廳，提供不同的菜餚口味。

2.服務的型式（Service Style）：

(1)服務方式因地置宜。

(2)服務方式直接影響菜單結構。

(3)不同的服務方式會有不同的菜色選擇。

3.顧客的需要（Customer Needs）：

(1)每個人對食品各有其不同的喜好。

(2)經由調查及統計方法，可瞭解顧客的飲食趨勢。

(3)研究顧客的屬性有助於開發潛在的餐飲市場。

(4)熟讀鄰近餐廳的菜單，亦是瞭解顧客需求的方法之一。

手繪風格菜單

(二)菜單的三「S」

不論是研擬一份新的菜單，或是修正舊有的菜單，若能充分掌握一些重要的原則，就算是成功了一半。所以，我們要對菜單的三「S」、菜單的形成步驟及製作原則加以分析考慮，才能規劃出獲利最大、行銷最強的菜單。

1. 簡單化（Simple）：菜單項目清晰明確，一目瞭然。
2. 標準化（Standard）：菜色的內容和份量維持一定的標準。
3. 特殊化（Special）：菜單外觀的設計和菜色的配置必須具有獨特風格，才能引人入勝。

排序型菜單

(三)菜單的形成步驟

菜單的製作過程可歸納為五個步驟（如**圖5-1**），分別是：根據需要列舉菜色、刪除問題項目、分析限制及缺失、建立標準食譜、完整菜單之形成。

♣步驟一：根據需要列舉菜色

依據市場的需求及潮流，從食譜、書籍、同業及餐飲雜誌中列出所有適合的菜色，以供研發各項菜餚之參考。

圖5-1　菜單形成步驟

❧步驟二：刪除問題項目

　　把容易引起爭議的內容予以去除，例如刪除因產地、區域或季節而產生變化的項目。

❧步驟三：分析限制及缺失

　　將剩餘的菜色逐項加以分析，考量其在製備過程中所需的機械設備及員工製作能力，並且刪除無法完成或不易達成的項目。

❧步驟四：建立標準食譜

　　逐一試煮、試吃現存的菜色，以建立每道菜正確的標準食譜。若食物的烹調品質難以維持一致，則寧願捨棄這一道菜餚。

❧步驟五：完整菜單之形成

　　經過前面四個步驟的篩選，一份製作精良的菜單就此產生，成為餐廳最重要的商品目錄。

🍩 二、菜單製作要求

菜單可增加顧客的購買能力，節省顧客點菜時間，提升人員服務品質，同時也是餐廳重要的行銷工具，可說是一舉數得。所以，餐飲業者應重視菜單設計者的能力，強調菜單製作的各種要求。

(一)菜單設計者應具備的條件

餐廳的菜單一般由餐飲部門的經理和主廚擔任設計工作，亦可另外設置一名專職的菜單設計人員。菜單設計者應將焦點放在顧客身上，考量各種相關因素（如圖5-2），才能明白顧客用餐的動機與需求。

因此，菜單設計者應具備下列八項條件：

♣具有權威性與責任感

1.菜單設計者應具有權威性，才能制定明確的食物決策。
2.菜單設計者要有強烈的責任感，才能完成確實可行的計畫。

♣具有廣泛的食品知識

1.對於食物的製作方法及供應方式有充分的瞭解。
2.完美展現食物的最佳烹調狀態，以滿足消費者的口慾。
3.同時顧及食品的價格與營養成分，設計出價格合理且營養均衡的產品。

♣具有一定的藝術修養

1.設計的菜單要合乎藝術原則。
2.對於食物色彩的調配，兼具理性與感性。
3.將食物的外觀、風味、稠度及溫度等作良好的配合。

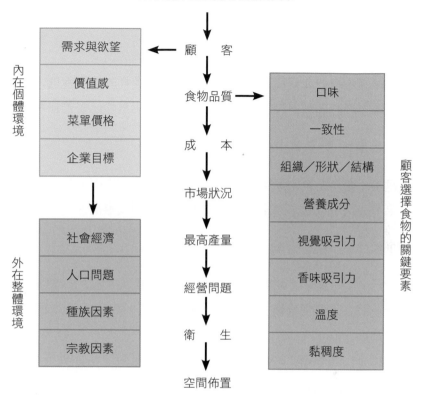

圖5-2 以顧客為焦點的菜單設計流程圖

4.使用合適的裝飾物,以增添菜色的面貌。

♣具有創新和構思能力

1.隨時使用新的食譜。

2.大膽嘗試新發明的菜單。

3.留意食物發展的新趨勢。

4.不斷製作與眾不同的菜餚。

♣ 具有調查和閱讀能力

1.搜集各種食品的相關資料，以供參考。

2.吸收各方面的專業知識，以增加菜單設計的能力。

3.根據調查資料或研究報告，分析消費者對食物的喜惡程度。

4.瞭解餐廳內部廚房設備的生產能力及各項用具如何妥善搭配。

♣ 製作完備的菜單表格

1.建構一套有系統的菜單表格，作為設計菜單的指引。

2.菜單表格可以豐富菜單內容，避免過於單調或重複。

♣ 以顧客立場為出發點

1.設計者應根據顧客的要求製作菜單，而非個人主觀的好惡。

2.避免將客人喜愛或較不受歡迎的菜色集中於某一餐，形成兩極化的差別。

3.傾聽客人的建議或訴求，作為菜單改善的最高指導原則。

♣ 有效地使用殘餘材料

1.隨時察看廚房中殘留材料的存量。

2.秉持廢物利用之精神，將殘餘材料融入菜餚項目中。

(二)菜單設計者的主要職責

菜單設計者的主要職責可分為下列幾項：

1.與相關人員（主廚或採購部門主管）研磋菜單。

2.按照季節之變化編製新的菜單。

3.進行各式菜餚的試吃、試煮工作。

4.審核食物的每日進貨價格。

5.檢查為宴席預訂客戶所設計的宴會菜單。

6.配合財務部門人員一起控制食品與飲料的成本。

7.瞭解顧客的需求，提出改進及創新餐點之建議。

8.從事新產品的促銷工作，向客人介紹本餐廳的菜色。

9.結合市場行情，制訂食品的標準價格與份量。

10.在不影響食物質量的情況下，提出降低食物成本的方法。

(三)其他

製作一份完善又精美的菜單，除了要有合理的價格外，還要考慮其他各項需求，才能讓菜單達到盡善盡美之境界。

♣ 菜單形式多元化

1.菜單的式樣、顏色能與餐廳氣氛相呼應。

2.菜單擺放形式，應能引起客人的注意。

3.桌式菜單印刷精美，可平放於桌面，供客人觀看。

4.活頁式菜單便於更換，可隨時穿插最新訊息。

5.懸掛式菜單能美化餐廳環境，吸引客人的目光。

♣ 菜單內容多樣化

1.菜單項目不斷創新，帶給客人新鮮奇特的感覺。

2.根據季節的周而復始，變換餐廳的菜單內容。

3.設計「循環性菜單」，提供不一樣的飲食口味。

4.籌劃「週末菜單」或「假日菜單」，藉此豐富菜單的內容，並引起客人的興趣。

♣ 菜單命名專業化

1.建立菜單命名的科學性。

2.展現菜單名稱的藝術性。

3.菜餚的名稱能恰如其分地反映此道菜的實質與特性。

4.運用各種藝術手法,增添菜餚名稱的美學與文學色彩。

♣ 菜單價格大眾化

1.餐廳應提供各式平價餐點,讓消費者有能力一飽口福。

2.餐廳可藉由大眾化的消費產品,維持市場的占有率。

3.餐飲業者取之有道,唯有制定合理的價格,才能說服顧客前來用餐。

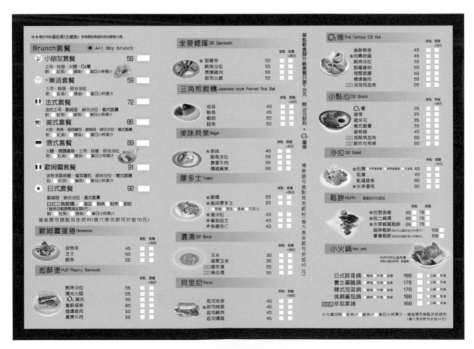

標示型菜單

♣菜單推銷生活化

1.菜單不僅是餐廳的推銷工具，更是很好的宣傳廣告。

2.客人既是餐廳人員的服務對象，亦是義務的推銷員。

3.與政府機構或民間企業相結合，藉此壯大餐廳的聲勢。

4.舉辦各種折扣或娛樂活動，融入當地的生活習性。

5.重視飲食的營養均衡及環保衛生，滿足消費者視覺上和精神上的追求。

雜誌型菜單

🍩 三、菜單製作常見的通病

菜單是餐飲企業銷售食品的工具，餐廳透過菜單向顧客傳遞服務訊息和用餐品質，所以，一份完整的菜單有助於產品銷售量的增加，而一份不完善的菜單則會使餐館失去生意。然而，菜單在製作過程中，受到種種限制因素的影響，容易形成偏差與錯誤，尤其是發生在菜單的表現方式及經營策略兩大部分。

(一)菜單表現方式之通病

顧客往往根據菜單中得到的訊息來決定他對餐館的看法，因此菜單外觀品質的良窳，成為餐飲企業極為重要的考量因素之一，然而常見的菜單在外觀設計及表現方式上卻存在著種種缺失。

♣菜單尺寸大小不恰當

1.菜單規格太小，增加閱讀的困難。
2.菜單規格過大，客人容易感到不適。
3.菜單尺寸與提供的訊息及餐桌的大小有關。

♣菜單字體太小或擁擠

1.字體太小或太細，年長者不易閱讀。
2.顧客因看不清菜單上的字而無法點菜。
3.菜單因印刷之故，所以要採用大一點的字體。
4.為使字體易於分辨，印刷時應留意油墨色調之搭配。
5.變換菜單的紙質或將字體與紙張形成鮮明的對比色彩，以利辨識。

❧ 菜單缺乏介紹性文字

1.無介紹性說明，增加顧客點菜時間。

2.沒有任何解說的菜單，讓消費者產生極大的不便。

3.介紹性文字要能清楚地表達菜單作法及主要材料。

❧ 菜單骯髒或破損老舊

1.一份沾有油污或破裂的菜單，會使客人失去食慾。

2.菜單的整潔狀況會使客人聯想到食品的清潔與衛生。

3.管理人員定期檢視餐廳內所有菜單，並將不適合繼續使用的菜單予以丟棄。

❧ 菜名不當或拼寫錯誤

1.避免將菜單中的外文名稱譯錯或拼寫錯誤。

2.餐廳必須檢查菜名是否正確無誤，仔細核對後才能進行印刷。

3.如果餐廳提供的是外文菜單，除了要有順暢的中文說明，最好也能附上原文加以對照。

❧ 虛偽不實的菜單內容

1.菜單上出現餐廳無法供應的菜色。

2.菜單上刊登已過時的餐點推銷訊息。

3.桌上菜餚和菜單上的照片不符，未能達到顧客期望。

❧ 缺乏合理的菜單定價

1.不可任意塗改菜單價格。

2.菜單價格未能明確列出，易與顧客發生衝突。

3.菜單訂價不當，顧客不願花錢品嚐美食佳餚。

♣ 菜單與餐廳風格不符

1.菜單的整體設計與餐廳風格不符合。

2.菜單製作項目和餐飲內容格格不入。

3.菜單無法充分展現餐廳的特色與訴求。

♣ 材質設計不易閱讀

1.選用高光澤紙質,造成反光情況。

2.點選或搭配程序複雜,文字表達不清。

3.菜單本過重,不易翻閱。

(二)菜單經營策略之通病

菜單在經營策略方面常見的毛病,包括遺漏飲料單或酒單、菜單種類不當、菜單份數不足、菜單更換頻繁、菜品介紹誇張、菜單內容乏味、缺少兒童菜單及招牌菜色等,茲分別說明如下:

♣ 遺漏飲料單或酒單

1.酒單的設計與製作必須仰賴專業人士。

2.酒類飲料是餐廳增加營業收入的重要手段。

3.酒精性飲料與葡萄酒品未列印成酒單,實為十分嚴重的錯誤。

♣ 菜單種類難以規範

1.菜單內容稀少,客人選擇性低。

2.菜單內容過多,客人不知所措。

3.餐廳要提供獨樹一幟的菜餚,特別是人們無法自行調配或不會烹煮的食物。

♣ 菜單份數不敷使用

1.菜單數量不足，服務速度減緩。

2.多備幾份不同的菜單，可收促銷之功效。

3.隨時補足備用菜單，避免在用餐高峰時段形成菜單短缺之現象。

♣ 菜單更換過於頻繁

1.菜單項目每日更換，顧客易產生混淆。

2.菜單更換頻率過高，無法突顯獲利較佳的菜色。

3.餐廳可使用循環更換的菜單來解決這種問題。

♣ 菜品介紹過於誇張

1.避免誇張不實的描述。

2.介紹菜品的措詞要名副其實。

3.避免大篇幅的文字介紹。

♣ 菜單內容乏味

1.餐廳要經常變換菜餚口味，才不會令客人產生厭煩。

2.有些餐廳的菜單種類從不更換，只有價格才是唯一變動的項目，這
是錯誤的經營理念。

3.餐廳每年依據需要而變換菜單內容，將一些不受歡迎或利潤不佳的
項目予以刪除。

♣ 缺少兒童菜單

1.兒童在用餐方面亦有特殊需要，不必要求與成人一致。

2.兒童菜單的菜色以簡單、營養為主要原則。

3.採用兒童菜單，可增加有小孩的成人客源。

♣菜單上缺少招牌菜

1.餐廳藉由招牌菜,在餐飲市場上創造獨特的形象。

2.在製作菜單時,一定要考慮能使餐廳出名的招牌菜。

3.招牌菜必須貨真價實,才能讓顧客記住餐廳並廣為宣傳。

Chapter 6

菜單的設計

一、目標市場的選定

「菜單」是服務業者主要的行銷工具，倘若一份菜單無法反映營運或採購有力的條件並且反應顧客的需求，則無法享有利潤。在菜單設計之前必須擁有完善的「市場調查」，這項調查除了是餐飲服務營運主要的考量點，更是菜單設計的重要指標。一份完整成功的菜單必須要根據客戶與大眾團體的需要而設計，絕非業者單方面的決策。

所謂的「市場調查」是運用科學的方法，有目的地、系統地搜集、記錄、整理有關市場營運銷售訊息和資料，透過「觀察法」、「詢問法」和「實驗法」來分析市場情況，瞭解市場的現狀及其發展趨勢，為市場預測和營運銷售決策提供客觀的、正確的資料；任何形式的餐飲服務業在菜單設計前必須先決定下列要素：

(一)區域性的需求與支持營運的能力

餐廳設立的區域將會取決產品的走向，人口的密集程度也將會影響到商品的組合模式。例如一間義大利麵餐館若設立在人口集中的都會區，必須提供快速多變化的組合搭配以符合都會步調和需求，相對的在營運的過程中必須審視餐廳是否擁有足夠的能力來應付快速服務的需求。

(二)市場區隔與分析

市場的設定主要針對社區團體的生活習性、交通方式、商業情形、人口年齡比率、平均收入、可消費額、同業競爭狀況以及國籍與宗教狀況等進行分析與調查。提升「地理」、「人口」、「行為」與「心理」的變數控制程度，找出顧客對產品的需求差異性。

(三)目標市場定位

在目標市場的範圍中檢視自身餐廳的規模與成長率，並須掌握「競爭者」的條件與相關資源。運用產品的屬性，建立適合消費者心目中特定地位的產品。如此一來才能夠設計出價格合理、符合顧客的嗜好、口味、用餐習慣、用餐組合以及行銷方式的完善菜單。近年來，「吃到飽」的餐廳林立，但是開設在台北與台南的經營策略截然不同，口味上北重鹹南重甜，北部用餐多針對3～4人的組合或商務人士的單人餐來搭配促銷活動，南部用餐則以家庭聚餐的模式居多，這都可突顯顧客嗜好對於餐廳營運的重要性。

二、菜單產品的選擇

菜品的選擇和設計要能反映出餐廳經營的風格，並期望符合顧客的需求。菜單上所列出的項目通常是顧客用餐時購買決策的依據，因此項目的選擇和設計應以下列八個原則為主。

(一)符合顧客群的需求

菜單項目的選擇主要考慮目標顧客群的需求，如果餐廳走向是以高收入的顧客為目標市場，在品項的選擇上則應考慮以精緻講究、食材等級高的菜餚為主；若是以家庭群體為目標的餐廳，則要考慮增加菜單的豐富性。

(二)與整體搭配

菜色的品項一定要和餐廳的整體相呼應，如果一家裝潢精細、豪華

寬敞的餐廳所提供的品項皆是一些微波食品和廉價等級的商品時，會造成強烈的反差，引起消費顧客的反感。

(三)種類單純化

菜品的設計上應以單純化為宜，所列的種類不宜太多。菜品越多，選擇起來就越困難，用餐時間就越長，翻桌率就越低，體驗感就會越差；同時當種類過多會造成庫存管理的成本增加，另外還容易在銷售與烹調時造成疏漏引起顧客不滿。

(四)以利潤大的品項考慮

品項的設計應使餐廳擁有可觀的盈利為宜，因而必須重視材料的進價成本、烹製耗損率。儘量避免選擇材料成本高，但顧客歡迎指數低的品項。

(五)更換菜名

菜名可以依據季節的變化加以調整更換，可使顧客長期保持對菜單的興趣。更換菜單時一定要作好菜單分析，留下盈利大受歡迎的品項，汰換掉不受歡迎且利潤低的品項，更換的原則如下：

1.新開發的品項。
2.將舊品項再升級改進。
3.將陳封的品項修正後再次推出。

(六)項目種類要平衡

一張菜單上切勿偏重某一區塊或某一項目來進行銷售，在選擇品項

時要考慮的因素有：

1.價格平衡：每一品項與類別的價格設計應該在一定的範圍內，做出高、中、低的級距差別，切勿讓價格有相當明顯的落差呈現。
2.材料平衡：每一道菜應用不同材料組成，以適應不同口味顧客的需求。
3.烹調平衡：勿偏重某一種烹調法，如能平均將炸、炒、煮、蒸、燉融入品項中，並搭配生、老、嫩、脆的質地呈現，才能迎合各層次與族群消費者的青睞。
4.營養平衡：選擇品項時要注重各種營養成分。

(七)具有獨特性

「獨特」應是餐廳菜品設計上特有的精神，任何一間餐廳都需要核心差異化的產品，圍繞著單品來做菜單，更能突顯出餐廳的形象。

(八)強化烹調技巧

設計品項時，應考慮餐廳廚師的特長並加以發揮。切勿選擇能力不及的項目，反而會造成更多的技術問題與成本浪費情況發生。

三、菜單格式的設計

菜單的規格和樣式大小，應能達到顧客點菜所需的視覺效果。除了滿足顧客視覺藝術上的設計外，經營者對於菜單尺寸的大小、插頁的多少及紙張的折疊選擇等，亦不可掉以輕心。

(一)尺寸大小

餐廳對於菜單尺寸的大小應謹慎選擇，應以顧客簡單易使用為原則，以免對顧客造成不必要的麻煩與困擾。

1. 尺寸適中：菜單尺寸太大，讓客人拿起來不舒適；菜單尺寸太小，造成篇幅不夠或顯得擁擠。
2. 標準尺寸：菜單規格應與餐廳的類型、規模、餐桌大小與空間進行調整。根據美國餐廳協會對顧客調查材料時指出，菜單最理想尺寸為23cm×30cm。
3. 其他尺寸：
   下列尺寸應用範圍十分廣泛：
   (1)小型：15cm×27cm。
   (2)小型：15.5cm×24cm。
   (3)中型：16.5cm×28cm。
   (4)中型：17cm×35cm。
   (5)大型：19cm×40cm。

(二)插頁張數

餐廳可利用插頁或其他輔助文字來促銷特定的食物及飲料，藉此刺激產品的銷售量。

1. 插頁過多：插頁頁數太多，客人眼花撩亂，反而增加點菜時間。
2. 插頁過少：插頁頁數太少，造成菜單篇幅雜亂，不易閱讀。

(三)紙張摺疊

菜單的配置型式很多，不論餐廳採用何種方式，都要詳細考量上菜

整體順序。

1.摺疊技巧：菜單經由摺疊而顯得美觀，並達成客人閱讀方便的目的。

2.摺疊原則：菜單摺疊後要保持一定的空白，一般以50%的留白最為理想。

3.摺疊形式：

(1)單一版面：單一版面通常會用來介紹限量供應或主廚特選的菜色菜單格式，有單面印刷或雙面印刷的方式，多半會運用護貝的模式來保持與維護菜單的清潔（如圖6-1）。

(2)摺疊型單一版面：本款是最基本的二版面菜單加上右側方一條狹窄額外摺疊的菜單所形成。當菜單完全展開時，能夠將所有類別的品項一次展現。

(3)摺疊型二版面：這種傳統的版面是典型菜單設計中的款型，字句行間的空間是常見的問題（如圖6-2）。過於擁擠與寬鬆兩者

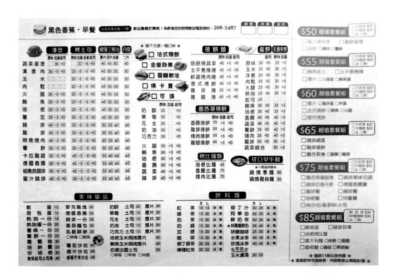

圖6-1　單一版面菜單

圖6-2　摺疊型二版面菜單

圖6-3　多頁型二版面菜單

在整體外觀上都會呈現失衡的情況；業者通常會使用摺疊型二版面的形式再來進行變化，運用騎馬釘或鉚釘式的裝訂技術，提升菜單的品質，同時便於後續增修頁面的需求，晉升為多頁型的方式（如**圖6-3**）。

(4)摺疊型多版面：常見的有三摺、四摺或十字摺的版型，利用三個相同尺寸的版面或以書報社編輯的模式來設計菜單。咖啡廳、飲料店或美式餐廳多採用此項選擇（如**圖6-4**）。

圖6-4　摺疊型多版面菜單

四、菜單封面的製作

封面是菜單最重要的門面，一份色彩豐富又漂亮實惠的封面，除了能成為餐廳的重要標誌外，精心製作的菜單必能達到點綴餐廳和醒目的雙重作用，同時反映出餐廳的經營特色與風格。菜單封面設計的藝術性必須與餐廳整體風格一致，不可喧賓奪主。結合時代性、美感性、實用性與科技元素，將餐廳的文化理念透過菜單完整的體現出來。

(一)封面成本

套印在封面上的顏色種類愈多，封面的成本就愈高。

1.低成本：
　(1)方法：最節省的封面設計是在有色底紙上再套印上一色，如白色或淡色底紙上套印黑色、藍色或紅色。
　(2)目的：降低成本。
2.高成本：
　(1)方法：在有色底紙上套印兩色、三色或四色。
　(2)目的：形成鮮豔豐富的圖樣。

(二)封面圖案

菜單封面的圖案必須符合餐廳經營的特色和風格，顧客透過封面的圖樣便能瞭解餐廳傳達的特性與服務方式。

1.古典式餐廳：菜單封面上的藝術裝飾要反映出古典色彩（如圖6-5）。
2.特色餐廳：菜單封面應具有時代色彩，最好能展現當代流行風格

（如圖6-6）。

3.主題性餐廳：菜單封面應強調餐廳的主要特色，並顯現濃厚的風味
（如圖6-7）。

4.連鎖性餐廳：菜單封面應該放置餐廳的一貫服務標記，藉此得到顧
客的肯定與支持（如圖6-8）。

圖6-5　古典封面圖案

圖6-6　特色餐廳封面圖案

圖6-7　主題餐廳封面圖案

圖6-8　連鎖餐廳封面圖案

(三)封面色彩

菜單封面的設計必須具有吸引力，才能喚起顧客的記憶，所以善用色彩是致勝的主要利器。

1. 色調和諧：菜單封面的色彩要與餐廳的室內裝潢相互輝映，達成一致性。
2. 色系相近：菜單色系與餐廳環境的色彩相近，自成一個體系。
3. 色系相反：亦可使用強烈的對比色系，使其相映成趣，增添不同的風格。

(四)封面訊息

菜單封面上有幾項資訊是不可少的，如餐廳名稱、餐廳地址、電話號碼、營業時間等。

1. 主要訊息：菜單封面要恰如其分地列出餐廳名稱，此項訊息是不可或缺的。
2. 次要訊息：其他如餐廳經營時間、地址、電話號碼、使用信用卡付款等訊息可列於封底。
3. 其他訊息：有的菜單封面印有外送的服務訊息。

(五)封面維護

為協助顧客點菜，菜單的使用頻率居高不下，所以容易造成毀損和破壞，常常要更換新的菜單，致使餐廳的營業費用上揚。

1. 維護方法：將菜單封面加以特殊處理，例如採用書套或護貝等方式，維護封面的整潔，使水和油漬不易留下痕跡，且四周不易捲

曲。

2.慎選材質：選擇合適的紙質作為菜單封面用紙，以確保整體的美觀與耐用。

3.菜單存放：菜單的存放位置應保持清淨乾燥，才能延長菜單的使用年限。

4.人人有責：服務人員和客人的手與菜單接觸最頻繁，應儘量避免沾上水漬和油污，否則再精美的菜單，一旦弄髒了便失去其價值。

五、菜單紙張的選擇

　　設計菜單時，必須選擇合適的紙質，因為紙張品質的好壞與文字編排、美工裝飾一樣，充分影響菜單設計質量的優劣，在選擇紙張時必須要考慮到紙張延展、亮度、纖維質地等特性的等級。紙張的「延展性」是指紙張的耐力，而紙張的「紋理」決定了菜單的耐力性，若菜單的摺疊導致紙張裂開或破損就表示摺疊方向錯誤而違反了紙張紋路。另外，水分也會造成紙質的縮脹情況，紙張的亮度會影響到色彩翻印的品質與菜單的易讀性，主要是以印刷完成後可以反射的亮度為主。過多的反射光線會讓顧客造成感到眩目不易閱讀。下列將菜單用紙的種類（如圖6-9）、菜單的使用設計及用紙選擇的考慮因素加以陳述。

(一)菜單用紙的種類

♣特種紙

　　特種紙是將不同的纖維利用技術製成具有特殊機能的紙張，自20世紀後逐漸流行起來。目前市面上所見到的菜單用紙，包含棉紙、宣紙、隔層紙、隔油紙、防塵紙、薄頁紙、噴墨紙、硬板紙、相片紙等。

圖6-9　紙張的種類

1.色澤：特種紙有各式各樣的顏色。

2.質地：質地粗糙或光滑。

3.成本：特種紙的成本非常昂貴。

4.效果：菜單顯得富有個性與特色。

5.用途：高級飯店常選用此種紙張來印製菜單。

♣銅版紙

國際上稱為「印刷塗料紙」，是一種特殊的紙品。因為其製作過程是用塗料抹在雙膠紙上。根據所用塗料、工法、紙張厚度等差異，又可分為單銅紙、雙銅紙、雪銅紙、銅西卡等類型。

1.型號：銅版紙可以分為各種不同的型號；DM型態的菜單設計時，一般選擇100/150磅的銅版紙；若是製作菜單，則應選擇250以上磅數，質感與硬度會較合適。

2.質地：較厚的銅版紙稱為銅西卡。

3.成本：銅版紙的成本比凸版紙高。

4.效果：護貝後的銅版紙非常光滑，顯得格外精緻。

♣ 凸版紙

凸版紙是製作書籍或雜誌時的主要用紙,具有吸墨均勻的特點。市面上分為1～4號共計四個級別,當號數越大紙質越差。

1.材質:即新聞報紙之用紙。
2.成本:凸版紙的成本低廉。
3.用途:印製在凸版紙上的菜單僅限於使用一次。

♣ 模造紙

係鹼性法製成的印刷書寫用紙,適合印製一般書籍、簿冊、 書寫用紙,用途極為廣泛。模造紙紙面較粗糙,但吸墨性強。缺點是不易顯色,印出來會讓人覺得較暗沉。

1.型號:模造紙亦可分為各種不同的型號。
2.質地:質地較薄,最常用來印製信紙。
3.成本:模造紙的成本廉價。
4.效果:使用模造紙所印製的菜單較不耐用。
5.用途:因模造紙過於單薄,所以可視為廣告單郵寄給消費者。

(二)菜單的使用設計

餐廳在決定採用何種紙張印製菜單時,必須顧慮到菜單的使用方法,是每日更換或長期使用。

♣ 每日更換之菜單使用設計

1.紙張磅數輕薄:菜單若是每日更換,則可選用較薄的輕磅紙,如普通的模造紙、銅版紙。

2.菜單不必護貝：每日更換的菜單，不需要護貝，客人用完即可丟棄。

3.紀念性之菜單：紀念性菜單亦可使用輕薄型的紙張，如宴會菜單常被客人帶走以資留念。

4.不必考慮污漬：每日更換之菜單無須考慮紙張是否容易遭受油污或水漬。

5.不必顧慮破損：每日更換之菜單沒有拉破撕裂問題，可以隨時補充或報廢。

❖ 長期使用之菜單使用設計

1.紙張磅數厚重：菜單若是長期使用，則應選用磅數較厚的紙張，如高級的銅版紙或特種紙。

2.菜單可以護貝：紙張要厚並加以護貝，才能禁得起客人多次周轉傳遞，進而達到反覆使用之目的。

3.污漬不易沾上：經過護貝的菜單具有防水耐污的特性，即使沾上污漬，只要用濕布一擦即可去除。

4.紙質交叉使用：作為長期使用之菜單，其製作費用高昂，為降低成本，菜單不必完全印在同一種紙質上；封面採用較厚的防水銅版紙或特種紙，內頁選用較薄的模造紙，插頁使用價格低廉的一般用紙，因插頁的更換頻率最高。

(三)菜單用紙的選擇因素

菜單用紙的選擇因素包括餐廳的層次、紙張的費用和印刷技術三個項目，分別說明如下：

♣ 餐廳的層次

依照餐廳的層級，而選擇合適的菜單用紙。一般而言，高層次餐廳所使用的紙張品質較好，而低層次餐廳則使用品質較低的紙張。

1. 高層次餐廳：在高級的飯店或餐館裡，即使是使用一次的菜單，也會選用較佳的薄型紙或花紋紙。
2. 低層次餐廳：低層次餐館常使用品質較低的紙張來印製菜單。

♣ 紙張的費用

菜單用紙的費用在菜單設計製作過程中，雖然算是小額的零星支付，但仍是不可忽視的一環。

1. 費用額度：菜單用紙的費用應該審慎考量，不得超過整個設計印刷費用總額的三分之一，以免徒增菜單製作成本。
2. 使用狀態：紙張的選擇會因餐廳層級不同而有所區別。大致上，高級餐廳的用紙費用較為昂貴；相反地，一般平價餐廳的用紙費用則較為低廉。

♣ 印刷技術問題

在選擇紙張時，還要考量印刷技術問題，設法排除各種障礙，如紙張的觸感及質感問題，才能印製出精美的菜單。

1. 紙張的觸感：有些紙張表面粗劣，有的光滑細潔，有的花紋凸凹，各有不同特色。由於菜單是拿在手中翻閱的，所以紙張的質地或手感是非常重要的問題，特別是在豪華氣派的高級餐廳裡，菜單的觸感更是不容忽視。
2. 紙張的質感：紙張的強度、摺疊後形狀的穩定性、不透光性、油墨的吸收性和紙張的白皙度等，都會形成印刷上的不便，必須加以克服。

六、菜單色彩的運用

　　菜單的顏色具有裝飾及促銷菜餚的作用，豐富的色調使菜單更動人，更有趣味，因此在菜單上使用合適的色彩，能增加美觀和推銷效果。所以，必須謹慎運用各種色彩來展現餐館的特殊情調與風格。

(一)色彩的表現

　　顏色會影響人類的心理感受，左右人類的情緒。在選用色彩之前應要先客觀分析目標消費者的心理感受與喜好之後，再做決定（如圖6-10）。

1.黑色：權威、高雅、創意、低調、冷漠、防禦。
2.白色：純潔、神聖、善良、信任、疏離、夢幻。
3.灰色：誠懇、沉穩、考究、智慧、成功、沉靜。

圖6-10　色彩原理

4.藍色：智慧、希望、理想、獨立、誠實、信賴。

5.深藍：權威、保守、務實、呆板、無趣。

6.棕色：安定、沉靜、平和、親切、沉悶、老氣。

7.紅色：熱情、性感、權威、自信、血腥、暴力。

8.粉紅色：溫柔、甜美、浪漫、灑脫、大方。

9.橘色：親切、坦率、開朗、健康、安適、放心。

10.黃色：信心、聰明、希望、天真、嬌嫩。

11.綠色：自由、和平、舒適、清新、活力。

12.紫色：優雅、浪漫、高貴、神秘、華麗。

(二)色彩多寡

菜單的色彩搭配合宜，才能展現餐廳的特色與氣氛，因此在色彩的運用上，應注意下列幾項原則：

1.顏色種類愈多，印刷成本愈高。

2.單色菜單的成本最低，但過於單調。

3.製作菜單的彩色照片，一般以四色為宜。

4.菜單中使用不同的顏料能產生某種突顯效果。

5.人的眼睛最容易辨讀的是黑白對比色。

(三)色紙選擇

選擇合適的色紙，不但不會增加菜單的印刷成本，同時還具有突顯餐廳主題的效果，所以善用色紙，是美化菜單的不二法則。

1.採用色紙能增添菜單的色彩，具有美化和點綴的效果。

2.適合用於菜單的色紙有金色、銀色、銅色、綠色、藍色等。

3.如果印刷文字太多，為增加菜單的易讀性，不宜使用底色太深的色

紙。

4.不宜選用兩面顏色相同的色紙作為菜單封面，造成印刷廣告和刊登插圖的困難。

5.另外採用寬彩帶，以橫向、縱向或斜向黏在封面上，亦能改善菜單的外觀。

(四)彩色圖片

許多圖形漂亮的菜餚和飲料無法用言語來形容，只能用照片才能顯現其風貌，所以，利用彩色照片來描述食物飲品的美味與可口，實為不錯的銷售方法。使用圖片時，注意色彩須與餐廳的整體環境相協調，下列針對圖片使用技巧進行說明：

1.彩色圖片能直接而真實地展示餐廳的美食佳餚，加速顧客點選的速度。

2.菜餚的彩色圖片配上菜名及介紹文字，是宣傳菜餚飲品的極佳推銷手段。

3.一張拍攝優質的彩色照片勝過上千字的文字說明，需特別注意印刷品質。

4.彩色實例圖片有助於顧客點菜，透過逼真的菜餚圖片來提高客人的食慾。

5.餐廳通常將招牌菜、高價位和受顧客歡迎的菜餚，拍攝成彩色圖片印在菜單上（如**圖6-11**）。

6.菜單上通常需用彩色照片輔助說明的菜品的類別項目，如開胃品類、沙拉類、主菜類、甜點及飲料等。

圖6-11　彩色圖片菜單

🍩 七、菜單文字的排版

文字排版（Typography）是一項流傳數世紀的技藝，自木製和金屬的活版印刷便開始。在本文中運用文字排版的技巧應用在菜單設計上，藉著文字向顧客傳遞訊息，同時呈現「風格」。菜單文字排版主要因素應包含有菜品名稱、描述性的介紹與基本宣傳的能力，提供顧客往下翻閱的衝動，進而達成推薦的作用。此外，排版是思考方式的整合表現，建立起整體視覺風格，透過版面的布局規劃、留白設計、對比營造、對齊方式與整合能力等步驟，逐一打造擁有「風格」的菜單。

(一)菜單排版因素

♣ 菜單名稱

餐廳內每項菜餚的名稱應該清楚明確，才能達到雙向溝通之功用。

1.菜品名稱應該一目瞭然。

2.菜品命名要確切衡量。

3.菜品名稱應該清楚，讓客人明白易懂。

4.不同的菜品名稱會引起人們不同的聯想。

♣ 描述性的介紹

對於掌廚的大廚師或經驗老道的餐館老闆而言，所有菜單上的名稱可說是一目瞭然，但對顧客來說，除非他已學過這些不常使用的專業詞句，否則就需要有人從旁解說，因此菜單上的介紹性文字是不可避免的。

1.敘述性的文字介紹可以幫助顧客瞭解菜單內容。

2.文字介紹通常可增加菜品的趣味性。

3.文字敘述有助於提高菜品銷售價值。

4.敘述性介紹能激發人們對菜品的想像。

5.文字介紹之詞語必須貼切且合宜。

♣ 餐廳本身的宣傳

餐廳可以藉由菜單上文字的陳述，達到自我宣傳的目的，包括優質的服務和精湛的烹調技術。

1.餐廳可利用菜單與地方特色相結合，藉此建立優良的形象。

2.餐廳可藉由菜單上文字的陳述，進一步宣揚餐廳的特色名菜。

3.餐廳可在菜單內陳述自身的歷史和服務性質，傳遞良好的口碑與品質。

4.餐廳裝潢應與菜單的設計相互輝映，亦具有擴大知名的功用。

5.餐廳亦可利用特殊的地理位置促銷美食佳餚，例如鄉間的野菜或山產店，常在菜單上強調「置身鄉間的用餐樂趣……」這一類的話語。

(二)菜單排版步驟

♣ 布局規劃

布局就跟畫圖的結構一樣，運用幾何圖形的排列組合，依需求去組合；畫面的大小其實就是一種溝通的表現，想要強調的重點自然會將頁面的排版比例拉高；常見有下列創造出易讀又美觀的版面布局（如圖6-12）。

1.置中布局：所有圖案、文字通通都置中的結構布局（如圖6-13）。
2.上下左右布局：將版面分成兩大區塊，像表格一樣的結構布局（如圖6-14）。
3.對角線布局：頁面四角的結構布局（如圖6-15）。

圖6-12 易讀又美觀的版面布局是菜單設計的重點之一

圖6-13　置中布局

圖6-14　上下布局

圖6-15　對角線布局

♣ 留白設計

　　用來指設計中所有空白、白色的空間，就像音樂裡的休止符。透過留白的空間，我們可以表達出視覺上的區分或連接、強調與突出，甚至還可以讓視覺稍微休息，讓畫面平衡，有條理增加持續閱讀的意願。排版中常使用的留白技巧如下：

1.區分或連接留白：透過大塊的留白，可以做出區塊的差異性；小塊的留白，可以讓內容連接起來，判斷成同一個區塊。

2.強調與突出：大塊的留白，可以創造出突顯重點的效果。

3.邊界技巧：頁面周邊的空白空間，讓顧客讀起來會更舒服（如圖6-16）。

圖6-16　邊界留白技巧

4.字距調整：每個文字之間的距離，又稱字間。配合所選字型，找到
　適合的文字間距，避免讓字體之間太過緊密或是間隔太遠造成閱讀
　困難或擷取不到重點的窘境。

5.行距調整：每行間距，這是行與行間的垂直距離，通常以文字高度
　的50%為基準，過多過少都會影響到閱讀上的舒適程度。

♣ 對比營造

運用對比的方式，強調突顯行銷的重點，同時也能讓版面更易於閱
讀，在視覺上增加張力，吸引大眾目光。

1.大小對比：運用面積大小的差距。

2.顏色對比：運用顏色的差異（如**圖6-17**）。

3.材質對比：運用材質的差異。

4.字型對比：運用字型的差異。

♣ 對齊方式

對齊就是增進文字排版最好的方法，透過「保持一致」的視覺態度
來創造視覺的秩序感，讓版面整齊美觀，易於閱讀。

圖6-17　顏色對比營造

1.靠左對齊：版面中以左側為基準對齊，是最常見的對齊方式，簡潔大方，利於閱讀。

2.靠右對齊：版面中以右側為基準對齊，相對於靠左對齊來說不太常見，會讓閱讀的速度變慢。

3.置中對齊：以版面中線為基準對齊，富有一種嚴肅與正式感受。

4.兩端對齊：文字或圖片設計兩端對齊，適用於大段落的文字編排，利於閱讀。

5.置頂對齊：與靠左對齊相似，版面中的焦點以頁面頂部為基準對齊。

6.置底對齊：版面中的資訊以底部為基準對齊。

❖ 整合能力

　　整合其他可能會出現在版面上的元素，包括圖片、插畫、菜色解說、註解等，需以邏輯性的安排，才能彰顯出各個元素之間的對應關係，與主要內容緊密扣連。

🍩 八、菜單字體的選擇

　　菜單的首要任務是餐廳服務人員與顧客間的溝通橋樑，所以字體選擇的主要原則就是能達成這種溝通作用。字型設計師Eben Sorkin曾經說過「每種字體都有自己的聲音，這種聲音將影響我們閱讀文字的感受，也影響我們吸收和處理資訊的過程」；字型的接受度受到文化、年齡與地區影響。因此在字體的選擇上必須要先對目標市場的群眾有所研究與認識，才能藉由字體的設計來建立完善的溝通管道。一般而言，字體選擇必須注意以下八點：

(一)字體尺寸

　　1.印刷用文字應落在10～12點之間的鉛字。

　　2.菜單上的字體一定要夠大且醒目明確。

　　3.可同時採用大寫或小寫字體，以強調某些特殊的部分。

　　4.字體排版縮放時，不要任意變動字體的高度與寬度造成不正常的扭曲。

(二)字體樣式

　　1.菜單的標題和次標題，可用不同字體表現出層次感。

　　2.為了強調菜單的特殊部分，可使用較粗的字體。

　　3.留意文字特效的使用頻率，避免造成廉價的感受。

　　4.整體版面盡量不超過三種字體，降低畫面風格混亂的評價。

(三)外文大小寫

1.西式菜單的標題與次標題，可用大寫字體表現。

2.多數原文菜單的菜單內容採用小寫字體，以增加可讀性。

3.小寫字體比大寫字體更易辨別。

4.小寫字體參差有序，很容易即時辨認，尤其是正文部分，更應該使用小寫字體。

(四)斜體字體

1.斜體字體除非必要，否則不要濫用。

2.斜體只能用於需要特別強調或特殊推銷的內容。

3.閱讀斜體排版文字，眼睛容易疲勞，而造成讀者不適。

(五)字體行距

1.行距宜大，以增加清晰度。

2.兩行之間的寬度距離不得小於3點。

3.行與行之間的文字應留空隙，使人閱讀時更感舒適。

(六)字體粗細

1.字體的粗細能展現不同的格調。

2.粗厚的字體給人沉重之感，若編排過密，易產生烏黑模糊情形。

3.細微的字體給人輕鬆之感，但太細太淡，反而不易辨認。

(七)字體用色

1.謹慎使用「反白」，即黑底白字印刷（如**圖6-18**）。

2.若用彩色字體，一定要用深色或暗色。

3.淺色紙張宜用黑色字體或彩色字體。

(八)字體風格

1.字體的風格應與餐廳整體氣氛相吻合，下列整理出字體設計所代表的風格差異：

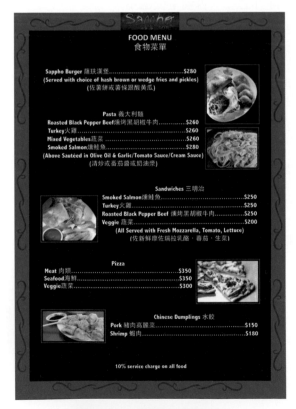

圖6-18　菜單字體觀感

(1)字體筆畫細而尖銳，代表冰冷之感。

(2)字體筆畫圓滑，代表圓滑溫和之感。

(3)手寫字體，帶有親近、活力之感。

(4)粗體字體，具有力量與衝擊力的象徵。

(5)書法字體，富有傳統文化的含意。

2.按照餐廳的供餐性質，編排合適的菜單字體，常使用的中西文字體
有：

(1)中文字體：

- 楷書：工整端莊。

- 行書、隸書：行文如水、藝術性見長。

(2)西文字體：

- 羅馬體。

- 現代體。

- 手寫體。

3.慎用古怪字體和花俏字體。

Chapter

7

菜單成本控制與分析

　　菜單成本控制的主要目的，在於能將有限的資源以最有效率與最經濟的狀況，除了提供消費者最優質的服務外，更期能獲得最大的合理利潤來達到企業預期的目標。

一、成本控制的意義

　　將企業由準備、採購、製作生產到銷售的流程，以系統管理方式來分析規劃，以避免不必要的浪費與耗損，藉此減低營運成本，並可以適時或即時修正，來提升效益。簡言之，成本控制就是由事前控制、過程控制到事後控制的管理系統，透過完善的控制系統提供員工明確的目標，並且確切掌控餐廳營運狀態避免不當支出的弊端，藉此提升餐旅企業的形象與市場競爭力，有利於市場定位。

(一)成本控制的範圍

1. 物料成本（Materials Cost）：商品製備與服務所需的各項材料成本，如食物成本、飲料成本等均屬之。
2. 薪資成本（Salary and Wages）：又稱為人事成本或勞務成本，企業所需支付的人事費用，如員工薪資、福利、獎金、教育訓練等所產生的成本均屬之。
3. 費用成本（Expense Cost）：因生產、銷售或營運過程所需支付的勞務、原料等費用，如水電費、營業稅、租金、設備折舊等均屬之。

(二)成本控制的基本程序

1. 建立成本標準：將餐廳的成本建立標準，事先規範出各項成本的支

出比例。例如，將食物成本規範控制為餐食售價的三至四成，飲料成本占售價的一至二成，人事成本占三成左右。

2. 記錄營運成本：確實記錄採購、進貨等費用金額，以便與原訂的成本標準對照比較來協助管理者檢視。

3. 對照和評估：根據營運實際的成本與預估標準成本對照比較，依比較的高低來探討發生的原因。例如：實際成本＞標準成本，可能有如下的原因發生：

(1)操作不當或不熟練。

(2)材料大量耗損。

(3)餐食份量不平均。

(4)現金短收。

(5)物價上漲。

(6)進貨原料金額過高。

(7)管理不當。

4. 修正檢討有效的控管能夠及早發現問題，並且得以及時改進不當缺失與弊端。

(1)修正：

- 製作完整的SOP規範，來避免操作不當使其物料成本浪費，並且可以有效控制餐食的份量與成本。

- 製訂員工管理守則，嚴格要求員工品性操守，並且養成每日物料與金額盤點的習慣並確實詳加記錄。

- 隨時監控市場物價趨勢，以利控管採購成本。

(2)回饋：績效回饋必須要儘速給予員工，例如獎勵金、紅利或獎懲紀錄等。在訂定績效目標時，必須設定難易度適宜的標準，可有效的提升員工的行動力；反之，設定太難或是太簡易的標準時，則無法有效執行達成預期目標。

🍩 二、成本分類

　　所謂的成本係指企業在特定時間內生產的餐點、食品或飲料的原料成本，以及生產銷售營運中所支出的相關費用等加總的數目稱之。餐飲管理在許多方面提供多樣性的挑戰與創造力的機會，對於收入（Revenue）和費用（Expense）的控制是最主要的工作之一，創造合理的利潤來衡量經營績效的標準。成本控制最基本的問題在於成本管理，但在成本管理上不要陷入低成本比高成本好的錯誤成本觀念內。簡單來說，一個年營業額1,000萬元的餐廳在經營成本上勢必會比年營業額500萬元的餐廳來得高。原因在於能獲得1,000萬元營收的餐廳所投注的食材、人力、設備等成本一定高於營業額較低的餐廳，利潤也相對會比較高。因此，專業的成本管理者，在成本的分析上應抓住成本的基準線，控制成本保持平衡，過高或過低都是一個警訊。

(一)依屬性區分

1. 直接成本（Direct Cost）：企業直接採購物料所支出的金額，又可稱為物料成本。
2. 間接成本（Indirect Cost）：在生產行銷以及營運過程中所耗費的資金，如員工薪資、租金、水電、瓦斯費等。

(二)依彈性區分

1. 固定成本（Fixed Cost）：無論銷售金額多寡，所支出的費用皆為固定稱之，如租金、保險費等。
2. 變動成本（Variable Cost）：會隨著銷售的變化而變動，如食材成本。

3.混合成本（Mixed Cost）：又稱為半變動成本，此類成本包含有固定成本與變動成本，會因銷售數量變動而有所增減，如人事費、洗滌費等。

固定成本、變動成本與混合成本無法完整被定義為「好的成本」或「壞的成本」，主要來自餐廳的經營型態而有所差異。但主要的目標還是以提高服務的客人數量，才能間接創造獲利。

(三)依結構區分

1.物料成本（Materials Cost）：企業製造菜餚、食品或飲料的材料成本，即為食材成本。
2.薪資成本（Salary and Wages）：生產與營運過程中一切勞務支出費用，如薪資、紅利等。
3.費用成本（Expense Cost）：生產及營運管理所需支出的原料與勞務外的費用均屬之，如水電費、租金。

(四)依成本分析區分

1.實際餐食成本（Actual Meal Cost）：在經營過程中，實際消耗支出的成本。此法多於事後結算，無法預先管制，很難即時找出原因並加以防範與修正，是為最大缺點。
2.標準餐食成本（Standard Meal Cost）：物料自採購、驗收、儲存、發放、烹製、銷售服務的作業流程中，每一環節所設定的標準成本，並以此標準作為管制之參考模式。

(五)依成本控制區分

1.可控成本（Controllable Cost）：係指成本管控人員在短時間內所能

控制或改變金額的成本，如材料成本、廣告費、差旅費等皆屬之。

2.不可控成本（Non-controllable Cost）：係指成本管控人員在短期內無法改變或難以改變的成本，如維修費、利息支出等費用。

三、成本計算方法

餐廳營運眾多的成本支出項目中，以食材成本為主要的支出項目。因而本節將針對餐廳原料食物成本，以及飲料成本計算方法來說明。

(一)食品原料成本計算（Food Cost Percentage）

一般餐廳多半於每月定期一次或二次進行庫存盤點，並編製月食品成本與營業分析報告以利管控成本。一般標準的食品成本率為35～40%，若實際食品成本率超過標準成本率的1.5%時，則需確實檢視並追究原因。

計算公式：

> 月食品原料成本率＝月食品原料成本總額÷月銷售總額×100%
> 食品毛利率＝1－月食品原料成本率

例如：好再來餐廳5月份的營運銷售總收入為NT$520,000元，而食品原料進貨統計共為NT$200,000元。

食品原料成本率為　200,000÷520,000×100%＝38%
食品毛利率為　1－38%＝62%

好再來餐廳5月份的成本率為38%，未超過標準成本率。由此數據可以瞭解餐廳的食品成本控制狀況還算理想，但有些偏高，必須檢視進貨金額、烹製過程是否有嚴重耗損或採購金額偏高的情況發生。

(二)飲料成本計算（Beverage Cost Percentage）

飲料成本計算，可以分為日飲料成本計算與月飲料成本計算兩種。

♣ 日飲料成本計算

計算公式：

> 日飲料成本淨額＝飲料消耗總額±成本調整額－各項扣除額

1. 成本調整額：各營業單位向其他單位領用或調撥出去的原料成本額。
2. 各項扣除額：因應其他業務活動或雜項而花費的成本，如致贈貴賓贈品、招待使用等。

例如：香榭大道餐廳5月30日共進貨白蘭地3瓶（1,000元／瓶）、柳橙汁10罐（50元／罐）、可樂12罐（22元／罐）。營業中，經理招待調皮的孩子2罐可樂與一罐柳橙汁。

香榭大道餐廳當日的飲料成本淨額：

$$（3×1,000＋10×50＋12×22）－（2×22＋1×50）$$
$$＝3,534－94$$
$$＝3,440（元）$$

♣ 月飲料成本計算

月飲料成本計算與日飲料成本計算上大同小異，但在於庫存盤點部分格外重要。對於不滿整瓶的結存量也必須估算其價值以利精確計算出成本。

計算公式：

> 飲料淨成本額＝期初庫存額＋本月庫存額－期末總庫存額±成本
> 調整額－各項扣除額

例如：四季酒店3月底盤點紅酒庫存有12瓶，每瓶進價金額為700
元；4月份再進貨紅酒8瓶，月底盤點時還庫存4瓶。

飲料成本額：

$$（12×700）＋（8×700）－（4×700）$$
$$＝8,400＋5,600－2,800$$
$$＝11,200（元）$$

四、餐飲成本控制分析研究

成本控制不僅關係到餐飲產品的規格、質量與售價，更影響到整個
餐飲營運收入與成敗。任何現代化的餐飲業，都以目標管理為成本控制的
主要理論基礎。為能有效管制營運活動並達到預期目標利潤，經營管理者
應要先擬定標準作業書，在生產與服務過程中隨時對照與比較實際操作成
本與標準成本兩者的差異，儘量控制差異在1～1.5%之間，並隨時給予評
估分析。

(一)成本差異原因分析

♣庫存管理失衡

1.採購、驗收人員管控不嚴，造成以少報多或是以劣級品充當高級品
的情況發生。

2.物料驗收完畢後未能及時發放或是入庫儲藏，造成遺失或竊取情況。

3.物料發放控制疏失，以致發料量超過領料單數額。

♣餐飲成本差異

1.生產管理無標準化作業，使各餐點的份量、調味、規格等標準不一，造成物料浪費與耗損。

2.廚房庫房未上鎖或管理不嚴，使物料遭員工私用或偷竊。

3.食物材料未依照正確方式保存，使材料腐壞或損壞而增加餐飲成本。

♣銷售管理差異

對於高毛利的商品銷售狀況不佳，相對增加毛利低的商品比例而提升了成本率。

♣其他扣除額成本差異

業務公關需要而招待或贈送商品的活動，如未能有效控管會造成成本的耗費與失控狀況。

(二)成本控制方法

♣建立標準食譜（Standard Recipes）

餐廳的菜單內容和價格都決定好後，應即建立標準食譜來控制生產量與所生產的產品品質。標準食譜被視為經營餐飲業的重要基石，可以在成本控管的狀態下提供高品質的菜餚，以期能維持應有的品質，滿足顧客的期望，達到永續發展的目標。完整的標準食譜包含有商品名稱、總份量、份量大小、材料內容、製備方法、烹調時間溫度、特別須知以及菜餚

成本。

1.建立標準食譜的好處：

(1)標準食譜的建立可以提升採購的精準度。

(2)標準食譜能使現場人員瞭解餐點的食材內容、烹調手法等重要資訊。

(3)標準食譜的建立能夠有效控管菜品成本與定價的差距。

(4)標準食譜的建立便於核對所消耗的食物量與現金收入。

(5)標準食譜的建立能訓練新進員工。

(6)標準食譜的建立能快速轉化為系統化的管理機制。

2.調整食譜的總份數通常使用下列兩種方式：

(1)倍數法（Multiple Method）：

計算公式：

轉換倍數＝期待的份數÷食譜上的分數

例如：食譜做50份的食物，但目前需要進行一場125人的餐宴，其轉換倍數為125/50=2.5

也就是原先50人份量的標準食譜乘以2.5倍，即可滿足125人份的材料。

(2)百分比法（Percentage Techinque）：百分比法是依據食譜上材料先進行秤重，計算每種食材與所有食材總重的百分比，並將單位進行轉換為統一單位。

計算公式：

A食材的重量百分比＝A食材重量÷總重量
A食材重量百分比×所需總量＝新食譜所需量

例如：原菜單A食材所需重量10oz，菜品總重168oz，計算後取得
A食材的重量百分比為10oz÷168oz＝5.9%，新食譜的總
重量應為300oz，因此A食材在新菜單中的份量應為177oz
（5.9%×300oz＝177oz）。

♣ 庫存控制（Inventory Control）

藉由庫存管理可以找到適宜的營運庫存（Woking Stock）和最小的安
全庫存數（Safety Stock）。營運庫存量是期待在下次採購時，有足夠的
材料可供應營運使用的數量；安全庫存量則提供一個額外的數量，以備當
超過預期使用量時，有可用的食材。設立庫存標準有下列幾項因素：

1.儲存容量：採購進來的商品應儲放在安全的地方，太小的儲藏空間
　只能提高送貨頻率；相反的，若是太大的儲藏空間，容易造成購買
　過多的商品庫存，造成冷藏冷藏庫的負擔過大。此外，在儲存上又
　可以依據各餐廳的需求有不同的管理系統，常見的有下列兩種：

(1)先進先出（First In First Out, FIFO）：餐飲業最常見的儲存管
　理模式，使用材料時先使用庫存的材料後，再使用新進貨的材
　料。此種方式須特別注意將擺放在後方或底部的舊材料放置在
　新材料的前方或上方。

(2)後進先出（Last In First Out, LIFO）：管理時須先使用最新進貨
　的材料，適用於追求新鮮品質需求的餐飲者。此法需搭配每次
　採購的數量，最好能在下一次材料送達前使用完畢。若採購過
　多的物料，耗損可能也會隨之提高。

2.材料保存期限：每一項食材其保存期限有相當大的差異，在庫存管
　理上必須平衡食材的最理想貨架期和需求。管理時應在物品包裝上
　張貼或註記入庫日期與有效期限。

3.供應商送貨時程：建立起供應商的送貨時程表，並熟悉供應商送貨
　的範圍區域、時間與份數後，利用這一些資料來進行營運庫存和安

全庫存的數量設定。

4. 大量採購以節省資金：又稱「以量制價」，採購大量所需的材料可有效的省下很多成本，但相對需承擔損壞、酸敗、倉儲管理失當而造成的傷害風險；如果設有理想的商品庫存標準，在合理的範圍下來維持庫存，才能將風險降低。

5. 營業時間表：營運時間會影響理想庫存的標準，當在公休時間前夕，應降低現有的庫存標準；容易腐敗的食材應在營運時期的初期或中期採購，減少公休前夕剩餘的食材腐壞程度。

6. 儲運耗損：小型餐飲業對於儲運耗損的影響不及於大型餐飲業者，但透過物料短缺的數值也可幫助我們設定合適的庫存標準，降低庫存成本上的負擔。

7. 領取材料單：採購與驗收流程環節控管鬆散，有以少報多或使用劣極品充當高級品而使原料耗損率增加。因此，應製作驗收確認單與領貨單，以能確實掌控物料的使用情況。

8. 確實執行盤點制度：食材與營運原料應為每個月底進行盤點，除了能掌控庫存數量外，也可透過盤點數量與銷售額進行交叉比對，以抑止盜用材料或發料過量等情事。

♣ 損益表（Income Statement）

損益表被當作利潤和損失表，是成本控制的最主要管理工具。當結餘數字為正數表示有利潤，若費用超出收入就表示有虧損。經營者可以透過損益表充分掌握餐廳經營上的盲點，修正營運策略，創造合理的淨利。損益表由毛利（Gross Profit）、營業費用（Operating Expense）與營業外費用（Non-operating Expense）組合而成。其毛利包含銷售收入到總毛利，營業費用則是指營業費用到營業淨利，營業外費用則包含利息、稅金到淨利（如**表7-1**）。

表7-1　餐廳損益表範例

MAX餐廳損益表				
	2017年	百分比	2018年	百分比
銷售收入				
食物	1,865,493	79%	2,132,423	80%
飲料	483,120	21%	531,690	20%
總銷售收入	2,348,613	100%	2,664,113	100%
銷售成本				
食物	632,545	34%	812,928	38%
飲料	101,450	21%	108,164	20%
總銷售成本	733,995	31%	921,092	35%
毛利				
食物	1,232,948	66%	1,319,495	62%
飲料	381,670	79%	423,526	80%
總毛利	1,614,618	69%	1,743,021	65%
營業費用				
員工薪資	650,630	28%	780,390	29%
員工福利	95,010	4%	130,500	5%
直接營業費用	132,003	6%	210,480	8%
音樂版權	2,300	0%	2,300	0%
行銷	50,000	49%	55,000	51%
電費	78,302	3%	85,280	3%
維修保養	40,025	3%	68,320	5%
租金	120,000	31%	120,000	28%
行政費	65,260	4%	72,106	4%
折舊	41,200	2%	41,200	2%
總營業費用	1,274,730	54%	1,565,576	59%
營業淨利	339,888	14%	177,445	7%
利息	86,780	4%	86,780	3%
稅前淨利	253,108	11%	90,665	3%
所得	65,060	3%	65,060	2%
淨利	188,048	8%	25,605	1%

8

菜單的定價

- 一、菜單定價基礎
- 二、菜單定價原則
- 三、菜單定價策略
- 四、菜單定價方法

　　餐飲經營者在定價決策裡，應考量顧客對餐飲品質（Quality）與價值（Value）之間的聯想。因為菜單的價格，直接影響顧客的購買行為和決定餐廳的客源。另外，菜單價格的高低還決定了菜單產品的成本結構和成本控制，所以菜單的定價對企業的經營效益有非常深遠的影響。由於菜單產品的經營方式和價格結構具有獨特性，有別於其他產業，所以本章擬將菜單的定價原則、價格策略和定價方法詳細說明如下。

一、菜單定價基礎

　　在訂定菜單的價格之前，應對菜品價格的組成內容充分瞭解。一道菜的完成，通常由食物材料成本、營業費用、財務費用、營業稅金和經營利潤等五個項目構成，分別敘述如下：

(一)菜品價格組成項目

♣食品材料成本

　　餐飲產品一定要經過購買原始材料這道手續，將材料加工後，才能進行生產。食品飲料的材料成本是餐飲產品價格最主要的組成分子，所占的比例相當大，原則上材料成本（食物成本總費用）約占總營收金額的35～40%為佳。例如，購進的魚、肉、家禽、水果、蔬菜、糧食、米、油、鹽、醬、醋等調味配料及各種酒水等，這些購進的材料成本稱為營業成本，是經營餐廳最基本的部分。以目前一般的情況分析，餐廳的水準與食物材料成本率呈反向變動，高水平的餐廳食材成本大都落在30～40%；反觀許多一般水平的餐廳食材成本則或落在50～60%。而兩者的百分比差異則來自於收入的高低影響。

♣營業費用

「營業費用」是餐廳第二項的重大支出，因此在菜單產品定價時特別需要重視。所謂營業費用即經營一家餐廳所需的一切支出費用，分配的比例上建議控制在總營收金額的20～30%為佳，通常包括：

1. 人事費：包括員工之薪水、津貼、職務加給獎金、加班費及顧問報酬費等。
2. 折舊費：包括一切資產設備之折舊費用。
3. 維修費：指保養及維護一切設備所用的材料和費用。
4. 水電費：包括一切自來水費及電費。
5. 燃料費：指餐廳使用瓦斯或其他燃料的費用。
6. 洗滌費：指餐廳對於餐巾桌布及員工服裝送洗的支出費用。
7. 廣告費：指為了推銷餐廳飲食產品所支出的廣告費用。
8. 辦公用品：指日常辦公所需的用品支出。
9. 各式餐具：餐廳花費部分經費購買碗盤、杯子、湯筷及其他容器。
10. 其他雜項支出等：如郵費、書報費、交際應酬費、運費等。

營業費用中最重要的應屬人事費用，常涉及員工的薪資、員工的福利、員工的服裝及員工餐費等四項。

♣財務費用

財務費用，包括銀行費用及貸款利息。企業因經營之需要而向銀行貸款並依規定支付相當的利息，因此，在制定菜單價格時，應把這項費用也估計在內。

♣營業稅金

餐飲產品的定價除了營業成本和營業費用外，還要包括企業應承擔的稅金，計有：

1. 營業稅：餐飲企業最重要的部分，政府按企業餐飲收入的5％徵收。

2. 房屋稅：按房屋原價值的12％徵收。

3. 所得稅：按企業經營利潤總額扣去允許扣除項目的金額（例如分給其他單位的利潤，抵補以前年度的虧損等）後，依一定稅率徵收，目前多數規模較大的企業所得率為33％。所得稅是按利潤總額來計算，若是扣去所得稅後所得利潤必然減少，因而為了要獲得一定的投資報酬時，在菜單的價格上面必須特別思考一番。

4. 印花稅。

5. 牌照稅。

♣ 經營利潤

利潤是指付過所有的支出費用後所剩下的錢，營收的百分比完全取決於管理者所設定的目標和控制費用的能力。利潤可以透過縝密的計畫、專業的管理與正確的決策而產生。理想的利潤是在預計的收入裡所期望實現的利潤，公式如下：

> 收入－費用＝利潤
> 收入－期望利潤＝理想費用
> 價額×售出份數＝總收入

創造利潤最好的方式就是提高收入，而收入來自餐廳各類產品的銷售，例如菜單上的菜色、飲料或其他產品；透過來客數與平均消費額的提升，可以直接明顯的增加餐廳收入。此外，增加座位數、增設外帶服務、延長營業時間等，都是收入增加的好方法。

一般以保持10％的淨利潤作為設定的目標較能達到損益平衡。大部分餐館均以營利為主要目的，期待能獲得最大利潤。然而，這並不是指在訂

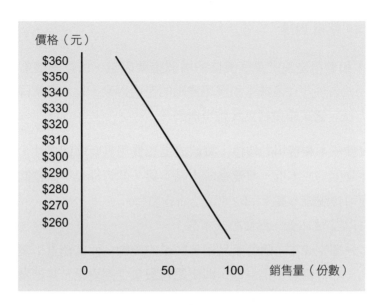

圖8-1　價格與銷售量之關係圖

定菜單價格時，另加上非常大的利潤所得到的售價是最好的，高利潤固然是好，但同時要顧及客人的接受程度和其他各種因素。一般而言，售價會與銷售量成反比，**圖8-1**是根據調查而呈現的價格與銷售量之關係圖，雖然某道菜的計價260元與360元之間只有100元之差，但卻能明顯地看出其銷售量產生極大的差異，故業者在定價時應格外謹慎小心。

(二)影響菜單定價之因素

　　餐飲產品的構成因素是由食物原料及其他外在各種因素所組成，因此在制定的時候，應將材料成本、人事費用、場地租金等有形成本計算在內。除此之外，為了使其「產品」更具有市場性，亦不容忽視同業彼此間的競爭和顧客的心態等問題。故將影響菜單定價之因素，歸納為成本和費用因素、同業競爭因素、顧客心理因素、其他因素等四項，分別說明如下：

❖ 成本和費用因素

　　成本和費用是決定菜單價格的兩個重要因素,所以應該重視餐飲成本和費用的特性,注意成本和費用變動的市場因素,以及探索降低成本和費用的方法,使菜單價格更具競爭優勢。

1. 餐飲成本和費用的特性:餐飲成本和費用具有兩個特性,第一個特性是固定成本低,而變動成本高;另一個特性是不可控制成本低,而可控制成本高。

　(1)固定成本低,而變動成本高:

　　● 固定成本:隨著產品銷售數量的變動,而其總量不變的成本,如折舊費、租金等,即使銷售數量受到變化,其總量仍保持不變。

　　● 變動成本:指總額隨著產品銷售數量的增加而呈現正比遞增的成本,如食物材料成本、水電、燃料費、營業用品等,其中一部分隨銷售數量變動而產生變化。

　(2)不可控制成本低,而可控制成本高:

　　● 不可控制成本:指食物材料成本及營業費用中的折舊和修理費,是企業沒有辦法控制的。

　　● 可控制成本:企業可針對採購、驗收、儲存、發料、烹飪和銷售等各個環節,加以嚴格管理並設法降低各種不當使用情形。

2. 影響成本和費用變動的市場因素:造成成本和費用變動的市場因素,計有氣候因素、季節因素、物價指數和通貨膨脹因素,以及口味因素等。

　(1)氣候因素:部分食物材料成本,如魚蝦、蔬果等市場價格彈性波動強烈的產品,常受氣候的影響,而使產量發生增減,氣候不佳,使得材料產量減少,導致市場價格上揚。

　(2)季節因素:食材受到季節淡旺季之影響,而產生價格上下波

動，此種情況常依市場供需狀況而作適度調整。

(3)物價指數和通貨膨脹因素：當物價上漲，各種費用及成本會相對提高。若物價下跌，則發生相反情形。

(4)口味因素：因人們口味產生變化，而造成食材價格的變動。近年來人們崇尚天然健康的粗糙食品，而引起以前各種不值錢的野菜或食物有水漲船高的趨勢。

3.降低成本和費用的方法：為了使菜單價格更具有競爭力，餐廳要靠降低成本和費用，才能使其銷售價格普遍被消費大眾所接受。

(1)企業應加強管理餐飲成本和費用的各項環節，透過嚴密的控制方針來降低支出。

(2)企業如何在市場供需的影響及顧客的接受程度之間取得平衡，制定極具競爭力的售價，是眼前最重要的課題之一。

♣同業競爭因素

餐飲業的市場競爭非常激烈，業者常面臨在同一地區內有同等級或相似產品的巨大挑戰，充分顯現餐飲產品的生產技術較簡單、可替代性高、模仿容易等特性。因此，餐飲業者必須分析餐廳菜色的競爭情勢，研究菜單產品所處的地位，所謂「知己知彼，百戰百勝」，如此才能在極具競爭的環境下生存並戰勝同行。分析菜色競爭情勢趨勢有四種情形，分別是完全壟斷、寡頭壟斷、不完全競爭和完全競爭。

1.完全壟斷：在產品市場中，只有一家生產者，而沒有其他可替代的廠商存在，此廠商將市場完全壟斷，如菸酒公賣局所販售的菸和酒，便屬於合法獨占的一種。完全壟斷市場具有下列特性：

(1)獨家生產與銷售。

(2)產品獨特。

(3)加入與退出困難。

(4)訊息不完全。

(5)無廣告必要。

2.寡頭壟斷：在一個市場上，一種產品只有少數幾家（二家以上）廠商從事生產，因廠商數目不多，造成每家廠商對市場的價格與產量具有一定的影響力，稱為寡占市場，可分為完全寡占與不完全寡占。完全寡占是指生產同質產品的寡占，如鋼鐵、水泥、鋁業等產業；不完全寡占是指生產異質產品的寡占，如汽車、冷氣機、電冰箱等產業。寡占市場的形成條件有：

(1)廠商數目不多。

(2)廠商之間相互依存。

(3)產品可能完全相同或類似。

(4)加入與退出生產非常困難。

(5)非價格競爭激烈。

3.不完全競爭：不完全競爭是在自由市場經濟制度中，最常見的市場組織型態，介於完全競爭與獨占之間的市場型態，是一種具有獨占性，又有競爭性的方式，例如餐飲業、各種連鎖店（如屈臣氏、統一便利超商、全家便利商店）等，均屬於此種型式。不完全競爭市場具有下列特點：

(1)類似的異樣化產品。

(2)眾多的銷售者與購買者。

(3)重視非價格競爭。

(4)市場消息靈通，但不完全。

(5)能自由進出市場，但仍有所限制及阻礙。

4.完全競爭：完全競爭是經濟學家認為最理想的市場組織型態，最典型的例子便是農產品市場。其具有下列特點：

(1)買賣雙方人數眾多。

(2)產品具有同質性。

(3)市場資訊來源充足。

(4)沒有人為干預。

(5)資源具有完全的流動性。

　　由此可知，餐飲產品處於不完全競爭趨勢，產品競爭程度愈激烈，價格的需求彈性愈大，只要價格稍有變動，需求量變化很大。菜單產品若處於十分激烈的競爭趨勢之下，企業只能接受市場的價格，別無選擇。在競爭的餐飲市場中，菜單的定價可依循下列兩大原則，說明如下：

1.研究菜單產品所處的地位：業者應先熟讀同業的菜單，瞭解目前市場上的熱門食物種類及其定價，以吸引更多的客人上門。餐飲的競爭來自同一地區內相似產品的競爭及同一地區內不同產品的競爭兩個方面：

(1)同一地區內相似產品的競爭：

　• 區位比較：如飯店內的法式餐廳與外面法式餐館之間。

　• 促銷方法：使用同質性略低的競爭手段。

　• 定價技巧：可採用重點產品低價方式。

(2)同一地區內不同產品的競爭：

　• 區位比較：如各種自助餐廳和各式火鍋店的出現。

　• 促銷方法：降低價格，提高品質。

　• 定價技巧：使用產品差異法（Differentiate Product），提供不一樣的用餐氣氛。

　• 客源取得：穩定和調整產品價格，才能抓住老顧客，爭取新客源。

2.探討競爭者對自己餐廳價格策略的反應：

(1)在制定價格策略前，首要考慮其他競爭者將會產生何種反應。

(2)若餐廳採薄利多銷方式，應注意競爭者將採取何種應對措施，以免引發價格上的惡性競爭。

(3)若餐廳因進貨成本上漲而對菜單售價做部分調整，此時應預期

競爭者會做何種處理,才能確實掌控突發狀況。

♣ 顧客心理因素

由價格心理學(Pricing Psychology)的理論中,我們知道可以透過數字策略的運用,來增強顧客對產品的購買欲望。最常見的例子便是百貨的商品標價,常以199元的標價方式呈現,比定價200元的整數更令人心動。所以善用顧客的心理狀態,常是致勝的最佳祕密武器。在考量顧客的心理因素時,應注意顧客對產品的支付能力、顧客對菜餚及附加價值的接受程度,並分析顧客的用餐目的等因素。

1. 考慮顧客對產品的支付能力:根據顧客的用餐預算,提供相對的品質與服務。

    (1)支付能力:不同類型的客人對餐飲產品的支付能力有所不同。

    (2)使用能力:研究不同目標的消費群對產品的使用能力。

    (3)價格策略:管理者制定相對應的價格策略來配合各類型顧客。

2. 評估顧客對菜餚及附加價值的接受程度:餐廳提供的各項食物及設施與服務,是否能被消費者接受。

    (1)餐飲品質:食品飲料品質的好壞。

    (2)服務品質:服務人員品質的優劣。

    (3)環境氣氛:環境和氣氛品質之提供。

    (4)餐廳區位:餐廳地理位置的良窳。

    (5)競爭數量:附近競爭者的多寡。

3. 分析顧客的用餐目的:客人前往餐廳用餐的目的很多,常見的有填飽肚子、美食主義、宴請親友等。

    (1)充飢者:

    • 用餐目的:往往因工作、上學、趕路或其他因素而外出用餐。

    • 價格實惠:產品價格要強調經濟實惠。

    • 方便快速:適合供應方便簡單的快餐、套餐或自助餐。

(2)美食家：

- 用餐動機：外出用餐的動機是犒賞自己和家人，或為款待親朋好友，以享受為主要目的。
- 付款能力：通常願意支付較高的價格。
- 特殊要求：應提供特殊的用餐環境和服務，最好能和平時家居所接觸的用餐設備有所區別為佳。

(3)宴請親友：

- 使用型態：宴請不同類型的顧客，對價格的要求有所不同。
- 追求排場：商務宴請用途之顧客，為讓其合作夥伴留下美好印象，不惜斥資高價以求排場。
- 價格因素：喜慶宴請用途之顧客，也願意支付高額金錢以追求體面和隆重。

♣ 其他因素

還有許多其他因素影響顧客對價格的接受程度和要求，茲舉下列幾個例子來作說明：

1.顧客外出用餐頻率：

(1)經常外出者：經常外出用餐者，較不願意支付過高的價格。

(2)長期出差者：長期出差而住宿者，對餐飲產品的消費能力較不要求。

2.顧客的付款方式：

(1)信用卡付款者：以信用卡付款者，由於未直接付現，而對價格的敏感度低，所以針對此類顧客，不必過分強調「俗又大碗」。

(2)飯店內用餐者：住宿飯店並於該飯店的餐廳內用餐而簽帳者，因強調享受飯店的用餐氣氛和舒適環境，所以願意支付更高的代價以換取美好的一餐。

(3)支付系統：使用手機支付系統功能者，追求便捷快速的服務，
對價格的敏感度較低，資訊需求大，針對此類型顧客應要加強
線上菜單和點餐功能。

(三)不可控制因素的影響

♣餐飲公會對餐飲產品的限價

為同時保障經營者與消費者的權益，餐飲業相關團體會規定菜單產品的最高盈利率和最低盈利率範圍，餐廳要瞭解同行的各項策略，並在此範圍內訂定合適的價格。

♣經濟發展因素

餐飲業的繁榮與否，和國家及地區的經濟發展速度和程度，有著密不可分的關係。

1.需求增加：近幾年來，我國經濟發展快速，餐飲業需求大增，造成外出用餐的人口突然大量增加。
2.彈性調整：菜單應針對各類型用餐人口的需求，採取彈性的變動措施。
3.大眾消費：中層次的大眾餐飲市場相繼出現，應力求對策。

♣外匯匯率的變化

外匯匯率隨國際收支狀況的變化、銀行利率的波動、通貨膨脹的高低、政府的貨幣政策以及國家經濟發展狀況而發生波動。

1.台幣貶值：若新台幣貶值，則外國貨幣在國內的購買力相對增強。
2.匯率變動：飯店為防止外匯收入的下降，採取以美元定價，以減少新台幣貶值所帶來的損失。

♣ 通貨膨脹的高低

通貨膨脹造成物價水準上揚，無論對消費者或供給者，都產生非常不利的影響。

1. 成本增加：通貨膨脹提高，容易造成餐飲材料成本、經營費用及人工費用大幅增加。
2. 價格變動：管理人員要根據通貨膨脹的瞬息變化，調整價格，才不會使餐廳蒙受損失。

♣ 技術發展因素

因科技帶動發展，日新月異，形成機器取代人力，可減少人事費用的支出。

1. 使用進口設施：餐飲業引進新設備、新技術，會影響顧客需求、產品品質和餐飲生產費用的改變。
2. 機器取代人力：自動販賣機的引進，減少人力的服務。

♣ 其他不可預料的因素

管理人員應該隨時注意經營環境中各種因素的變化，並且採取相應的價格措施。

1. 天災人禍：自然災害會影響材料的供應和餐飲產品的需求，需要有適合的價格因應措施。另一方面也要減少人為錯誤。
2. 其他因素：另外還有許多不可預料的因素會影響餐廳的價格水準和策略。

二、菜單定價原則

菜單設計最重要的一項關鍵便是菜單價格的制定，價格是否適當，往往能反映出市場的需求變化情形，進而影響整個餐廳的競爭態勢，對餐廳的經營利益造成極大的效應。一般而言，菜單定價應該遵循下列五項原則：

(一)價格能顯現出產品價值

食品、飲料的價格是以其價值為主要制定依據，價值包含三部分：有形與無形成本（依食物材料消耗）、生產設備、服務設施和家具用品等耗損之價值來制定。

1.勞動者報酬：以工資、獎金等勞動者的報酬來制定。
2.稅務與利潤：以稅金和利潤的形式來制定。

(二)價格能與企業經營之整體目標相調合

餐飲產品價格之訂定必須以定價目標為最高指導方針，並符合企業經營的整體現況。

1.營利目標：以經營利潤為定價目標，管理人員依據利潤目標預測經營成本和費用，計算出利潤目標必須完成的收入指標。
營利公式：

收入指標＝目標利潤＋食品飲料的材料成本＋經營費用＋營業稅

2.生存目標：以生存為定價目標，客人平均的消費額＝固定成本／（客人數×貢獻率）。

貢獻率＝1－變動成本率－營業稅率

3.銷售目標：注重銷售的定價目標，以量制價或是以低價來增加客源
等方式都是銷售目標的策略。

4.其他目標：刺激其他消費的定價目標。

(三)價格能反映客人的滿意程度

雖然顧客對菜單定價的反應是主觀的，但仍可藉由其他的附加價值
讓顧客產生好感，再經由口碑推薦，而有更多潛在的消費群上門品嚐餐廳
的美食佳餚。

1.物超所值：價格合理，並滿足顧客飲食之外的舒適感。

2.價非所值：引起客人的不滿意，反而降低顧客消費能力及水準。

(四)價格必須適應市場需求

菜單定價要能反映產品的價值，另外也能反映市場供需關係，一旦
價格超出消費者所能接受的範圍時，就容易引發消費者的不滿意，應多加
注意此種情況。

1.旺季定價：旺季時，價格可以比淡季略高一些。

2.口碑良好：歷史悠遠，口碑聲譽優良的餐廳，其價格自然比一般餐
廳要高。

3.區位便利：地點好的餐廳比地點差的餐廳，價格亦略高一籌。

(五)制定靈活及相對穩定的價格

應根據市場供需情形之變化，而採用適當的靈活價格，如此有升有

降，才能調節市場的供給與需求，以增加銷售量。

1.避免更動：菜單定價一旦制定，便不能隨意變更。

2.變化次數：菜單價格變化，不宜太過頻繁。

3.調整幅度：每次調整幅度以不超過10%為佳。

4.不當方式：降低質量採低價出售，是一種不正確的方法。

三、菜單定價策略

企業如果沒有價格策略，當顧客要求某個價格時管理人員的價格決策就會缺乏依據。一般在制定價格時，最直接的聯想便是「顧客的付款能力」。但實際上，在定價的過程中，還是有某些技巧能幫助業者制定價格策略，使得成本、利潤與經營理念之間能取得平衡，同時不會因為售價太低而利潤微薄，也不會因定價過高，而無法打入餐飲市場。不同經營管理系統的餐廳，當然會有不同的定價策略，但有兩點基本原則是維持不變的：一是價格應制定在顧客可接受的範圍內；二是製作每道菜所需的食物原料（含調味用品），都要精確的計算在成本內。本節就一般餐飲所採行的定價方法及菜單定價策略兩大部分，一一說明如下：

(一)餐飲採行的定價方法

一般餐廳在定價上，通常採用三種定價方式，即合理價位、低價位和高價位，分別說明如下：

♣合理價位

所謂的合理，就是指顧客能承擔的範圍，但前提是業者必須有利可圖。

1.理想模式：合理價位是最理想的定價方式，但不易達成。

2.定價方法：定價是以餐飲成本為根基，再加上某特定倍數。

3.成本比重：餐飲業者將食物成本比例（Food Cost Percentage）訂一個標準，若為45%，意思是希望食物成本約占銷售總額的45%。

♣ 低價位

為了使消費市場的接受率大幅提高，餐飲業者會運用低價位技巧，以吸引新的顧客。

1.主要目的：目的是促銷新產品。

2.次要目的：出清存貨，求現週轉。

3.定價方法：業者將菜單價格訂在邊際成本或低於總成本，即常見的薄利多銷。

♣ 高價位

餐飲業者在某些特殊情況下，會將菜單價格訂得比合理價位高出許多，形成所謂的「天價」，以符合某些消費者的需求。

1.產品特殊：因產品獨特，市場上無與之匹敵的競爭對手，此時業者可趁勝追擊，賺取高額利潤。

2.市場區隔：受企業高知名度之影響，將主顧客定位在人口金字塔的頂端，意謂出入此種高層次等級的餐廳是身分地位的表徵。

3.附加價值：執行高價位策略時，應配合高品質及親切服務等附加價值，使顧客更能欣然接受。

(二)菜單定價策略

定價策略對於任何一個企業的經營來說，是十分重要且必備的。如

果沒有適當的價格策略，不僅會浪費企業經營者的時間，也會造成價格被動地受市場競爭或市場潮流所牽絆，使得企業失信於顧客，而不能主動地以價格戰勝競爭者。所以制定正確的定價策略才是提高銷售額的主要關鍵，一般而言，有下列六種定價策略。

♣ 兼顧市場行情與成本

在制定菜單價格時，一方面要考慮市場上的供需情形，另一方面也要顧及食物的成本比例，若無法做到兩者兼顧，應讓步的不是行情與成本，而是著手修正服務品質。

1. 供不應求：在供不應求的市場中，消費者別無選擇，需求彈性小，只能成為價格的接受者，此時，餐飲業者只要跟著市場行情走，就能穩賺不賠。
2. 供過於求：在供過於求的市場中，消費者的選擇機會增加，需求彈性大，市場行情趨向谷底，此時，餐飲業者若不考慮成本，而一味競相減價，只會造成惡性競爭。

♣ 以成本為基準的定價策略

多數餐廳主要是依據食品、飲料的成本來制定銷售價格，此種以成本為基準的定價策略，常用的方法有成本加成定價法及目標收益率定價法兩種。

1. 成本加成定價法：這是最簡單的方法，將成本再加上一定的百分比來定價，不同的餐廳採用不同的百分比。
2. 目標收益率定價法：即先制定一個目標收益率，根據目標收益率計算出目標利潤率，得到目標利潤額，當銷售量達到預計的數目時，便能實現預定的收益目標。

♣ 以需求為基準的定價策略

根據消費者對餐飲食品價值的需求程度和認知水準來決定售價,常用的有主觀印象定價法和需求差異定價法兩種。

1. 主觀印象定價法:餐廳對客人提供的服務,著重在飲食的質量、服務及廣告推銷等「非價格因素」,使客人對該餐廳的產品形成一種觀念,根據這種理念,制定符合消費者價值觀的價格。
2. 需求差異定價法:餐廳依照不同類型的顧客、不同的消費水準、不同的時間、不同的用餐方式來定價。

♣ 以競爭為基準的定價策略

在制定菜單價格時,以競爭者的售價為定價的依據,可能比競爭對手的價格高一點,也可能低於競爭對手的定價。餐廳經營者必須深入消費市場,充分分析競爭對手,才能定出合理的菜單價格。

♣ 以新產品為基準的定價策略

對於新開張的餐廳或新開發的菜品,決定採取短期優惠價格、市場滲透價格或市場暴利價格。

1. 短期優惠價格法:許多餐廳在新開張期間,為了使產品能快速打入市場,而暫時將價格壓低,吸引顧客前來消費,一旦過了優惠期間,便將菜單價格恢復正常。
2. 市場滲透價格法:自新產品開發後,便將價格壓得很低,目的是希望新產品能迅速被消費者接受,企圖在餐飲市場上取得領先地位,並長期占領現有的消費習慣。
3. 市場暴利價格法:餐廳自開發新產品後,便將價格提高,以牟取暴利,除非有其他餐廳加入競爭,推出同樣的產品,顧客開始拒絕高價而降低消費,此時餐廳才會降價以維持正常的運作。

❖ 以價格折扣為基準的定價策略

餐飲行業常運用各種優惠手段來推銷本身的產品,常見的有累積次數優惠、團體用膳優惠及非假日價格優惠三種。

1.累積次數優惠法:許多餐廳為鼓勵顧客前往餐廳舉辦宴會或會議,而對常客進行價格上的優惠,光臨餐廳次數愈多,則折扣率愈大。
2.團體用膳優惠法:為達到促銷目的,餐廳對於團體客人給予一定比例的折扣,以鼓勵公司行號或其他企業來店消費。
3.非假日價格優惠法:針對平時非假日前來用餐的客人,給予價格上的優惠,藉此減少高峰時段的壓力和增加總客源。例如,許多餐廳在週一至週五中午前來用餐的客人,給予八折優待。

🍩 四、菜單定價方法

菜單的定價方法很多,在定價之前應要先精準的計算出餐廳的成本,並進行同業價格的調查與記錄,最後再運用專業知識判斷出最合適的市場行情與成本進行售價的設定,最常見的定價方法歸納起來,共有五種:成本定價法、利潤定價法、需求定價法、競爭定價法、心理定價法,分別敘述如下:

(一)成本定價法

❖ 食材成本百分比定價法

食材成本百分比定價法首要必須先算出每份菜品的材料成本,再根據成本率計算售價。實際上,食物成本是由食品材料、人工費、營業費用及其他所構成。計算公式:

售價＝食物成本÷食物成本百分比

食物成本百分比＝食物成本÷售價

例如：

煙燻鮭魚的材料成本為	150（元）
煙燻鮭魚的人工費為	50（元）
某道菜的營業費用為	50（元）
餐飲的主要成本為	150＋50＋50＝250（元）
假設主要成本率為	65%
商品售價為	250÷65%＝385（元）

本法的特點為：

1.計算簡單，清楚明確是成本倍數法的主要優點。
2.除了餐飲的主要成本外，尚有其他變數會影響價格，因此並非所有
　餐廳都適合採用這種方法。

♣ 主要成本定價法

　　許多餐廳的勞力（人事）費用為最大宗的成本支出，為能夠有效控
管並且針對某幾樣需要耗費大量勞力完成的菜品項目來設定售價。

售價＝食物成本＋人工費用÷食物成本百分比

例如：

辣牛肉起司貝果的材料成本為	50（元）
辣牛肉起司貝果的加工人工費	50（元）
主要成本率為	60%
商品售價為	（50＋50）÷60%＝167（元）

♣全部成本定價法

全部成本法能夠將所有費用都考慮到價格內，讓餐廳保有一定量的利潤，但該方法沒有辦法將產量變化所引起的成本變化因素考慮進去。

價格＝（食物成本＋加工人工費用＋人工費＋其他經營費用）
÷1－利潤率

例如：

丁骨牛小排的材料成本為	200（元）
丁骨牛小排的人工費為	80（元）
丁骨牛小排的加工人工費為	50（元）
這道菜的營業費用為	60（元）
假設主要成本率為	40%
商品售價為	（200＋80＋50＋60）÷1－40%＝650（元）

(二)利潤定價法

利潤定價法是在食品飲料的成本額加上一定額的盈利作為售價，以達到餐廳營業的利潤目標。

盈利額＝（預測營業總收入－材料成本總額）÷預測菜品銷售份數

例如：

○○餐廳預計全年營業總收入為	20,000,000（元）
○○餐廳的全年材料成本為 9,600,000（元）（總收入×48%成本率）	
○○餐廳預計全年菜品預計銷售份數	100,000份
假設主要成本率為	48%
盈利額為	（20,000,000－9,600,000）÷1,000,000＝10.4（元）
北平烤鴨的材料成本為	250（元）
北平烤鴨的人工費為	80（元）
北平烤鴨的營業費用為	50（元）
餐飲的主要成本為	250＋80＋50＋10.4（盈利）＝390.4（元）
商品售價為	390.4÷48%＝813（元）

(三)需求定價法

　　菜單的定價方式除了以成本為基礎的定價法外，管理人員往往還需要考慮顧客的意願度以及所能支付價格的水平。因此，以需求為基礎的定價方法在現實經營中運用也很廣泛。

♣聲譽定價法

　　餐廳顧客定位在高層次的人士時，必須提供最好的環境、最優質的服務以及最頂級的食材。價格對於他們而言是個人地位的指數，同時也是可以反應用餐品質的指標，若價格過低則會讓顧客對於商品產生不信任感而不願光顧。

♣ 誘餌定價法

餐廳吸引顧客群時可設定某些商品進行低價促銷的活動，利用促銷的商品來鼓勵加購其他的菜品，符合顧客追求實惠的心理。

♣ 向後定價法

符合顧客接受的價格範圍內制定精緻實惠的餐點組合，例如訂定250元價格的商業午餐，再針對250元的價格來設計餐點的種類、食材來源以及服務方式。

(四)競爭定價法

♣ 嘗試法

餐飲經營者先隨便定價，然後再依市場的供需反應調整售價。使用此方法必須要搶在市場前，爭取市場占有率。但風險較大，易造成企業損失。

♣ 追隨領導者定價法

根據價格領導者的定價來制定菜單價格。所謂的價格領導者是指同行中有條件自行定價或調整價格之人。可以避免與減少價格競爭為意圖的定價方法。

♣ 競爭價格法

餐廳依據其他性質相同競爭者的定價來制定菜單價格，主要目的是和競爭者爭取潛在的消費市場，增加餐廳本身的利潤。

1.最高價格法：制定最高價格的用餐環境與提供最頂級的食材品質，可創造出企業的名氣，贏得顧客青睞，並且能夠避免壓價競爭而減

少收入的情況。

2.最低價格法：最低價格可以將顧客從競爭者方爭取過來，以提高市場占有率。然而，此法容易造成市場的價格混戰局面降低收入，因此使用此法前一定要審慎評估並嚴格控管做好成本控制。

(五)心理定價法

經營者根據消費者所期待的心理狀態來制定菜單價格，創造一種便宜的假象，引起消費者的購買欲望，如麥當勞推出多種超值組合套餐，強調100元有找，利用消費者對數字的敏感程度及心態反應來制定菜單價格，確實能達到良好效果，使銷售數量大幅提高。在此介紹一般餐廳常用的三種方法：整數定價法、尾數定價法及吉祥數字定價法。

♣ 整數定價法

整數定價法常被高級的餐廳採用，對於較貴的菜品，常以整數定價來替代零星的尾數，例如600元比598元顯得更為體面和氣派，符合人們講求面子之心理。

1.價格敏感度低：購買高級商品的顧客，對於零星的尾數差額較不在意。

2.方便財務管理：整數定價法因為是一個完整的數目，方便計帳人員收付及管理。

♣ 尾數定價法

帶有尾數的定價，常給予顧客一種印象，就是餐廳對於菜單價格必定是經過非常謹慎認真的計算過程，因此顧客較不會有上當的感覺。

1.經濟實惠：適用於經濟型餐廳或針對追求實惠的顧客。

2.心理反應：帶有尾數的價格感覺比整數價格便宜，例如○○餐廳推出熱炒項目，每道菜定價99元起，感覺要比整數的100元更令人心動。

♣ 吉祥數字定價法

中國人凡事追求吉祥如意，為了迎合顧客此種心理，菜單定價者引用吉祥數字之諧音來定價，例如在價格中選擇帶有「6」、「8」或「9」的數字。

1.價格中選擇帶有「6」的數字，表示順利的意思。

2.價格中選擇帶有「8」的數字，表示發財的意思。

3.價格中選擇帶有「9」的數字，則有長長久久之意。

Chapter

9

菜單的評估

　　菜單製作完成，必須經過一段時間的試驗與銷售，並透過調查、分析、研究等步驟，才能作出是否成功的結論。一份成功的菜單並不意味著其永遠是成功的，餐飲管理人員要根據市場的變化不斷進行分析與修正，才能合乎餐飲市場經營的需要。菜單分析是指調查菜單上各式餐飲的銷售情況。我們可以從中分析哪些項目最受顧客喜愛，哪些食品的銷售量最大，哪些食物的獲利能力最高。為明瞭菜單分析的重要性，本節擬就菜單分析方法及菜單分析作用加以說明。

一、菜單分析對菜單設計的作用

1. 開業前新菜單的設計：可以協助決定菜單的品項、定價，必且作為試銷售的依據。
2. 正式菜單的確定：試營運階段可以使用非正式的菜單來調整內容，針對顧客的歡迎指數和銷售指數進行精確的試算來調整品項的口味、陳列以及價格結構。可以減少成本開支達到有效的財務控管。
3. 正常營業期菜單的更換與調整：正常營運期間必須推陳出新的菜單，才能夠吸引源源不絕的顧客消費。此時就必須認真檢視既有的菜單指數來進行修正，並且針對銷售額指數高的品項加強宣傳以增加盈利。
4. 菜單架構的編排與行銷：菜單編排時必須將顧客歡迎指數高或銷售額指數高的項目擺放於醒目之處，吸引顧客點選來達到推銷的效果。
5. 有效的成本管控：菜單分析可以瞭解各菜色的銷售數量與比例，間接計算出標準成本率，找出擁有低成本高盈利的品項來重點推銷。

二、菜單的內容分析

菜單分析包含的不只是數字，更包含了行銷、社會學、心理學與個人情緒；菜單分析必須藉用特定的演算過程，進一步發掘菜單設計上與經營利潤期望值之間的關係。後續再結合菜單直接分析法，將餐飲企業內具有一定理論和實務經驗的人員（如餐廳經理、主廚、會計師等）聚在一起，依自己的知識與經驗直接對菜單進行分析與評價。主要包含菜單工程計算、菜單的內容分析和外觀分析等項目。

(一)菜單工程計算

♣顧客歡迎指數（Customer Welcome Index）

表示顧客對於某個品項的喜歡程度，以顧客對各種品項購買的相對數量來表示，其計算方法如下：

（某品項銷售量÷各種菜總合銷售量）÷（100%÷被分析項目數）
×100%＝顧客歡迎指數

○○餐廳12月份銷售統計表

品項	數量	品項	數量	品項	數量
菲力牛排	92	沙朗牛排	83	丁骨牛排	52

計算菲力牛排在12月份的顧客歡迎指數：

（92÷227）÷（100%÷3）×100%＝1.2

無論被分析的項目有多少，每道項目的平均歡迎指數為1，超過1的歡迎指數就是受到顧客喜愛的項目。

❖ 銷售額指數（Sales Index）

針對各項目的盈利來分析則稱為銷售額指數，計算方式如下：

（某品項銷售額÷總品項銷售額）÷（100%÷被分析項目數）
×100%＝銷售額指數

品項	數量	歡迎指數	品項	數量	歡迎指數	品項	數量	歡迎指數
菲力牛排	92	1.2	沙朗牛排	83	1.1	丁骨牛排	52	0.6

計算菲力牛排在12月份的銷售額指數：

（41,400÷110,360）÷（100%÷3）×100%＝1.1

○○餐廳12月份菜單分析表

品項	銷售份數	單價	歡迎指數	銷售額	銷售額指數
菲力牛排	92	450	1.2	41,400	1.1
沙朗牛排	83	480	1.1	39,840	1.0
丁骨牛排	52	560	0.6	29,120	0.8

顧客歡迎指數與銷售額均以1為基準，超過1的菜色被列為高暢銷與高利潤菜品，低於基準點的則設為低暢銷與低利潤菜品後，結合平均銷售份數後繪製下列的象限表：

		受歡迎（暢銷）程度	
		低	高
利潤比	高	高利潤 受歡迎（暢銷）程度低	高利潤 受歡迎（暢銷）程度高
	低	低利潤 受歡迎（暢銷）程度低	低利潤 受歡迎（暢銷）程度高

特性	對應菜品
高利潤、受歡迎（暢銷）程度高	菲力牛排 沙朗牛排
高利潤、受歡迎（暢銷）程度低	
低利潤、受歡迎（暢銷）程度高	
低利潤、受歡迎（暢銷）程度低	丁骨牛排

❖ 食物成本百分比（Food Cost Percentage）

食物成本百分比是最傳統的一種分析方式，透過數值可以找出使總體食物成本百分比極小化的菜單項目。計算方式：

總銷售金額÷各菜品銷售數量總和＝平均銷售金額

（總成本÷總銷售收入）×100%＝總食物成本

菜單項目	銷售數量	銷售價格	總銷售收入	項目成本	總成本	食物成本百分比
菲力牛排	92	450	41,400	190	17,480	42%
沙朗牛排	83	480	39,840	220	18,260	46%
丁骨牛排	52	560	29,120	280	14,560	50%

(41,400+39,840+29,120)÷(92+83+52)＝486.17（平均銷售金額）

[(17,480+18,260+14,560)÷(41,400+39,840+29,120)]×100%＝46%（總食物成本）

(92+83+52)/3=76（平均銷售份數）

　　總食物成本為46%，因此以46%基準點。超過的菜色被列為高成本菜品，低於基準點的則設為低成本菜品後，結合平均銷售份數後繪製下列的象限表：

食物成本百分比		受歡迎程度	
		低	高
	高	高食物成本百分比 受歡迎程度低	高食物成本百分比 受歡迎程度高
	低	低食物成本百分比 受歡迎程度低	低食物百分比 受歡迎程度高

特性	對應菜品
高食物成本百分比、受歡迎程度高	沙朗牛排
高食物成本百分比、受歡迎程度低	丁骨牛排
低食物成本百分比、受歡迎程度高	菲力牛排
低食物成本百分比、受歡迎程度低	

♣ 邊際貢獻（Contribution Margin）

　　使用邊際貢獻來分析菜單，須以生產總體邊際貢獻最大的菜單為目標。所謂的邊際貢獻就是指菜單項目的銷售價格減去成本後所剩下的運用在營運成本與利潤的金額。計算公式：

> 銷售價格－產品成本＝每一菜單項目邊際貢獻
>
> 總銷售收入－總產品成本＝總體邊際貢獻
>
> 總體邊際貢獻／項目銷售數字＝每一項目平均邊際貢獻

菜單項目	銷售數量	銷售價格	總銷售收入	項目成本	總成本	項目邊際貢獻	整體邊際貢獻	食物成本百分比
菲力牛排	92	450	41,400	190	17,480	260	23,920	42%
沙朗牛排	83	480	39,840	220	18,260	260	21,580	46%
丁骨牛排	52	560	29,120	280	14,560	280	14,560	50%

(23,920+21,580+14,560)/(92+83+52)=265（每一項目平均邊際貢獻度）

(92+83+52)/3=76（平均銷售份數）

平均邊際貢獻度為265，因此以265基準點。超過的菜色被列為高成本菜品，低於基準點的則設為低成本菜品後，結合平均銷售份數後繪製下列的象限表：

邊際貢獻度		受歡迎程度	
		低	高
	高	高邊際貢獻 受歡迎程度低	高邊際貢獻 受歡迎程度高
	低	低邊際貢獻 受歡迎程度低	低邊際貢獻 受歡迎程度高

特性	對應菜品
高邊際貢獻、受歡迎程度高	
高邊際貢獻、受歡迎程度低	丁骨牛排
低邊際貢獻、受歡迎程度高	菲力牛排 沙朗牛排
低邊際貢獻、受歡迎程度低	

(二)菜單的內容分析

菜單內容分析主要是對菜單的結構、成本、品質三方面進行評估，藉此明瞭菜單在餐飲市場的有效性。

♣菜單的結構分析

菜單結構組合要以餐飲企業的類型、等級和菜單種類為基礎。

1.產品比例是否合理：目的在分析構成菜單的各類飲食產品及其構成比例是否合理。例如一般菜單中，冷菜和湯的比例約占總數的10～

15%，熱菜和主菜的比例約占60%，而點心的比例則略低。

2.市場需求是否達成：菜單結構是否適應該餐館的市場需求特性。例如顧客的用餐習慣、用餐目的及飲食偏好等。

3.加強促銷成效如何：菜單結構是否能突顯餐廳的主力推銷菜餚，進而加強餐飲的促銷能力。

4.經營特色表現程度：菜單結構組合是否展現餐廳的經營風格和特色，突顯餐廳的整體氣氛與主題意象。

♣ 菜單的成本分析

菜單分析中的銷售數據應取累積值或平均值，以週、月為單位才具有代表性，可信度也會較大。透過菜單工程所得的資料，應針對表現不佳的菜品進行調整與更替，下列將彙整菜單工程數據所代表之結果與策略的關聯性。

	特性	行銷策略
高暢銷	高利潤	這是餐廳最願意銷售的商品，可作為菜單設計中的主打商品，並極力行銷
	低利潤	一般是為薄利多銷的商品，可作為選擇其他品項的誘餌
	高食物成本百分比	可以提高價格，並降低在菜單上的明顯部分；此項目可以與低成本一同行銷
	低食物成本百分比	加強宣傳，並設列在菜單明顯處，也可以搭配促銷活動增加銷售率
	高邊際貢獻	加強促銷並設列在菜單明顯處
	低邊際貢獻	提高價格，並減少供應份量或降低顧客點閱率
低暢銷	高暢銷	主要以吸引高階客人來餐廳用餐的誘餌，可考慮保留或取消
	低利潤	不宜放在菜單上，應要刪除
	高食物成本百分比	宜重新檢視高成本的來源，並進行顧客端的調查來確定是否需要保留菜品；如需保存則可以透過份量減少、限量供應等來降低成本率
	低食物成本百分比	放置在菜單明顯的位置，以特餐方式來進行促銷
	高邊際貢獻	搭配宣傳，提高點選率
	低邊際貢獻	不宜放在菜單上，應要刪除

♣菜單的品質分析

主要是指對菜單中餐飲品種組合和餐飲價格組合的分析。

1. 餐飲品種組合分析：
   (1)兼顧產品質量：分析菜單中各類產品的質量是否符合顧客的需求和偏好。
   (2)發揮製備能力：分析菜單品種組合是否能充分發揮廚師技藝和廚房設備。
   (3)調節市場供需：分析菜單是否能與現實市場原料的供求狀況互相配合。
2. 餐飲價格組合分析：
   (1)餐飲水準比例：分析菜單中各類餐飲的高、中、低水準比例分布是否恰當。
   (2)顧客消費能力：價格高低的幅度是否隨顧客的消費能力而有不同。
   (3)修正價格策略：調整價格組合幅度，是否有利於提高餐廳的競爭能力及市場占有率。

(三)菜單的外觀分析

菜單的外觀分析主要有對菜單的準確性、菜單的實用性和菜單的宣傳性三方面的分析。

♣菜單的準確性分析

1. 審查餐飲分類是否合理。
2. 檢視菜餚名稱是否貼切。
3. 檢查菜名是否拼寫無誤。

4.核對菜單價格是否正確。

5.避免出現不必要的錯誤，影響餐廳形象。

♣菜單的實用性分析

1.分析顧客使用菜單的方便性。

2.分析顧客使用菜單的易讀性。

3.分析菜單製作尺寸的大小。

4.分析菜單內各項菜餚的排列組合。

5.分析菜單字體的大小是否影響顧客點菜。

♣菜單的宣傳性分析

1.分析菜單的推銷能力。

2.分析菜單的美觀藝術性。

3.加強菜單的輔助促銷活動。

4.分析菜單是否符合餐廳整體格調。

5.分析菜單是否達到預期宣傳之目的。

三、菜單的修正與檢討

敬業的餐飲經營者應隨時留心客人的反應，根據目前流行的餐飲市場風尚，適時修正菜單的內容與結構，如此一來，在每月或每週進行菜單評估工作時，就知道什麼菜該刪除，什麼菜該保留。至於在修正的過程中，可以採取圖9-1的步驟。

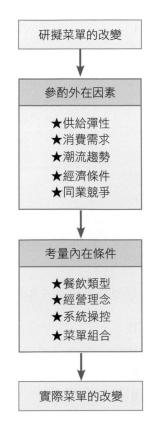

圖9-1　菜單修正的步驟

(一)修正的改進之道

♣定期做口味調查

1.利用問卷調查方式進行研究。

2.目的是探知消費者的意見，掌握消費者的口味。

3.可以作為改進菜餚的參考。

4.問卷設計應包括口味、份量、價格、香味、熱度、裝飾等六項（**如表9-1**）。

表9-1　顧客的口味調查

滿意度 問項	非常滿意	滿意	普通	不滿意	非常不滿意
口味					
份量					
價格					
香味					
熱度					
裝飾					

5.調查頻率要適當，最好是每半年或一年舉行一次。

❖隨時與同業比較

1.所謂「知己知彼，百戰百勝」，唯有瞭解競爭對手的動態與現況，才不至於喪失與他人較量的能力。
2.為使比較的結果更具參考性，與餐飲同業比較口味時必須把握「類比」原則，即同類型或同等級的餐廳，才可以互相比較。
3.菜色的比較也要遵循「類比」原則，否則容易產生不客觀之情形。
4.口味比較可先從同地區的同業先比較起，然後再逐漸擴及到其他都市的同業。
5.吸取同業的經營經驗，可收截長補短之功效。

❖淘汰不受歡迎的菜

1.淘汰不受歡迎的菜以簡化菜單項目。
2.經營者應毫不猶豫地剔除乏人問津或不易銷售的冷門菜。
3.餐廳可減少材料的準備避免浪費。

4. 避免第一次上門的顧客點到這些菜，而對餐廳口味產生不良的印象。

5. 提升消費者對餐廳菜餚水準的評價。

♣ 運用組合式套餐

1. 套餐是指將餐廳裡最受歡迎的幾樣菜組合成套，提供消費者點菜的便利。

2. 套餐對經常消費的老主顧而言，是個划算的選擇。

3. 套餐對第一次上門的新顧客來說，則有「廣告」之作用。

4. 套餐的製作應以精緻可口、搭配得宜為訴求重點。

5. 套餐的價位走向應該視餐廳的定位，並以消費者能接受的範圍為宜。

♣ 推出季節性菜餚

1. 推出季節性菜餚，可豐富菜單內容。

2. 多數海鮮及蔬果類食品都有一定的生產季節。

3. 當季食品，不但量多質佳，價格也比較便宜。

4. 過季食品，不但量少質差，價格亦變得昂貴。

5. 顧客對季節性菜色，皆有不錯的口碑與銷路。

(二)菜單的檢討

菜單在使用一段時間後，必須提出檢討並加以修改，才能確實符合時代潮流之趨勢。菜單檢討的重點如下：

1. 定價是否過高？

2. 飲料單是否遺漏？

3. 菜單的版面設計是否恰當？

4.菜單的字體大小是否恰當？

5.菜單的尺寸大小是否適合？

6.菜單的內容敘述是否正確？

7.菜單的紙質材料是否適合？

8.平時是否製作銷售紀錄表？

9.與同業口味及菜色之比較？

10.服務人員是否有足夠製備能力？

11.菜單製作之外觀是否符合餐廳之風格？

12.高利潤和低利潤之菜餚項目是否均衡？

13.受顧客歡迎的菜餚和飲料有哪些？

14.不受顧客歡迎的菜餚和飲料有哪些？

15.菜餚和飲料的品質是否符合餐廳之標準？

四、增加新品項

　　餐飲服務業是一種自產自銷的行業，只有不斷增加新的菜色，才能長久地吸引顧客。因此，除了經營者需要具有提高商品新鮮感與價值感的概念之外，廚房方面亦要全力配合，以下提出餐飲業增加新菜色的三種方法，供大家參考：參與市場流行的菜色、開發相關的暢銷菜色、學習競爭對手的菜色。

(一)參考市場流行的菜色

　　餐廳要增加菜色，必須要由市面上風行的菜色著手，瞭解目前餐飲產品的發展走向，才是正確的作法。

　　1.成為市場流行的菜色，必須具有下列特性：

(1)口味平順。

(2)價格實在。

(3)吃法新鮮。

(4)食材特殊。

2.對於市面上流行的資訊相當敏銳：

(1)及早引進風行的菜色。

(2)趁顧客新鮮感未退之際，開發新菜色。

(3)根據新菜色的號召力，獲取大眾的支持。

3.避免完全抄襲他人的菜色：

(1)按照他人口味一成不變，是錯誤的觀念。

(2)吸取他人經驗再加上餐廳本身的風格，使菜色更豐富。

(3)改良後的菜色在市場上更具競爭力與吸引力。

(二)開發相關的暢銷菜色

所謂的暢銷菜是指在一家餐廳裡，其中有幾樣菜餚受到顧客的肯定與賞識，而給予不錯的評價。

1.成為受顧客歡迎的暢銷菜，大多具有下列特徵：

(1)口味迎合大眾所好。

(2)價位可被顧客接受。

(3)用料既實在又特別。

(4)是主廚的拿手好菜。

2.以暢銷菜色為餐廳主力產品：

(1)新菜必須藉助原有暢銷菜的行銷能力。

(2)以顧客的喜好為出發點，研發各種相關菜色。

(3)發展多元化的菜餚口味，刺激潛在的消費市場。

(三)學習競爭對手的菜色

凡事都要經過比較才能分出高下，應用於餐飲服務業亦是如此，因此，餐廳在考慮增加菜色之際，必須吸取同業的寶貴經驗，學習他人菜色成功之處。

1.在學習競爭者的菜色時，有幾個原則要注意：

(1)不要輕易嘗試無法學到的相似菜色。

(2)衡量餐廳本身的水準，「量力而為」。

(3)勿自暴其短，以免降低顧客前來餐廳用餐的機會。

2.新增加的菜色多半是從同業中擇優改進的：

(1)菜色易被消費者接受。

(2)新增菜色本來就擁有相當穩定的消費市場。

(3)可拉走部分同業餐廳的客人，以增加餐廳本身的營業收入。

菜單的行銷

- 一、菜單行銷概念
- 二、菜單促銷時機和場合
- 三、菜單行銷工具與媒介
- 四、菜單促銷活動

　　對於餐旅企業而言，經營的目標就是獲利。而為了獲得利潤就會產生交易，所以會產生顧客來購買商品或服務的需求。然而，商品要如何才能滿足顧客的需求，使顧客認為是有價值之物進而產生一種購買力。「行銷」就是為了創造交易來滿足顧客的需求增加企業的獲利。

一、菜單行銷概念

　　如前面章節所提到的，「菜單」是餐廳最有利的行銷工具，一份吸引人的菜單不僅能夠讓顧客對於餐廳產生好感，更能經由菜單的引導刺激消費能力來銷售高利潤的菜品。然而菜單不只是一份菜單，它必須與環境、服務、菜餚與節慶活動相呼應，若一張設計精美讓人食指大動的菜單，用餐環境髒亂不堪、服務人員個個面無表情甚至服儀不整，會讓顧客的印象大打折扣。因此，菜單行銷要能掌握餐廳消費者對餐飲產品的價值感變化，除了基本的新鮮、乾淨、衛生之外，還要滿足五種需求：

　　1.胃的滿足——要能吃飽。

　　2.味覺滿足——要有美味的食物。

　　3.嗅覺滿足——要能香氣逼人。

　　4.視覺滿足——環境、餐具與食物要能美觀。

　　5.精神滿足——要有好氣氛和優質服務。

　　菜單行銷的模式相當多樣化，常見的是以菜單本身來促銷、餐廳內部的環境與服務或促銷活動來促銷、餐廳外部的廣告宣傳促銷。下文將針對菜單中的菜品促銷、服務行銷、故事行銷、價格促銷以及設計行銷的方式來說明。

(一)菜品促銷

開發與推銷迎合顧客口味變化的菜品，研究顧客新的用餐需求與心理的變化。以目前餐飲市場的用餐需求有：

♣ 注重養生

根據顧客注重養生的需求，可以將某些菜品以滋補的方式搭配醫學和營養學家對於各種食品營養成分的分析來包裝行銷，如首烏燉竹絲雞、百合雞蛋大棗湯等。

♣ 注重纖體

近年來「減肥」已經是人人口中的話題，然而隨著醫學的發達以及正確的報導，人們開始由「減肥」改為「塑身」，進而期望達到「纖體」的目標。這種心理因素導致飲食習慣發生了變化，選擇食物時多數人會將卡路里視為主要選擇的依據。為能夠符合大眾民眾的需求，開發出種種纖體菜單，採用低熱量高蛋白的材料來搭配，此舉一出大受上班族以及各階層的群眾支持。

♣ 注重天然

現代人講究回歸大自然，強調無毒有機的菜品。在行銷手法上可以儘量著重在原產地配送，強調新鮮、有機與天然的栽種烹製手法。另外，新鮮天然的生猛海鮮以及肉品也是相當受到喜愛。

(二)服務行銷

隨著生活水準的提高，外出用餐已成為款宴外賓或家族聚餐的必要選項，而服務方式也隨大眾市場而推出許多形式，以適應這市場的趨勢。

♣ 中式快餐服務

此法多數要求迅速的服務，特殊的烹調技術和方式。因此，許多餐館引用西式快餐服務，以每人一份套餐，按份定價。

♣ 參與烹調服務

讓客人一同參與烹調的流程，已是目前最為時尚的方式，提供客人享受自己烹調的樂趣，並且在烹調後立即享用美食的經驗。燒烤、火鍋等皆是。

♣ 新型烹調法

傳統的油多味濃的烹調技術，逐漸被清蒸、燉煮等的原汁原味烹調法所代替；低鹽、低糖、低脂肪的烹飪技術，也是目前的主要發展趨勢。

(三)故事行銷

運用說故事的能力，將餐廳的理念與商品渲染造成討論的話題。故事的對象焦點多鎖定在人物，但也可透過建築、產品的設計或周邊的環境進行串聯。

(四)價格促銷

價格促銷迎合顧客追求實惠的心理因素，是菜單行銷的基本手段。在許多場合下，價格優惠能夠促使客人的消費力。

1.開張期間短期優惠。
2.季節性價格優惠。
3.清閒時段價格優惠。
4.節日價格優惠。
5.套餐價格優惠。

6.兒童餐價格優惠。

7.客房包廂價格優惠。

8.會議、團體價格優惠。

(五)設計行銷

　　菜單設計的外觀、編排順序、菜品介紹與照片的展示等,都是菜單常見的促銷型式。在菜單的編排上內容排列重點與視覺移動順序相當重要,行銷的重點菜品(例如高利潤或是招牌菜)則必須放在對的位置,才能達成效果。

♣單頁菜單

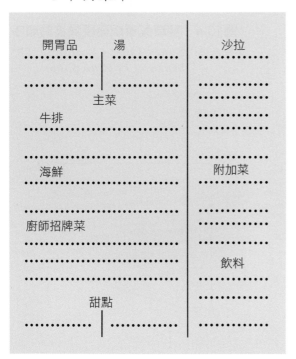

圖10-1　單頁菜單的內容排列

資料來源:施涵蘊(1997)。《菜單設計入門》,頁166。

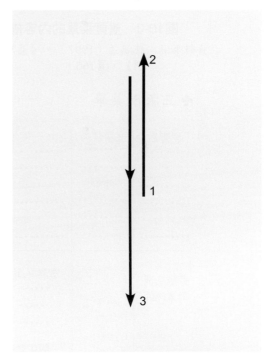

圖10-2　單頁菜單版面視覺移動順序

資料來源:Nancy Loman Scanlon (1985). *Marketing by Menu*, p.166.

❖ 雙面菜單

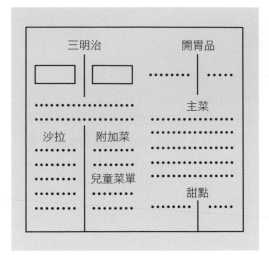

圖10-3　雙頁菜單的內容排列

資料來源：施涵蘊（1997）。《菜單設計入
　　　　　門》，頁166。

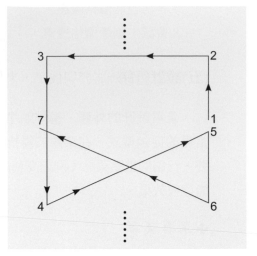

圖10-4　雙頁菜單版面視覺移動順序

資料來源：Nancy Loman Scanlon (1985).
　　　　　Marketing by Menu, p.166.

❖ 三版面菜單

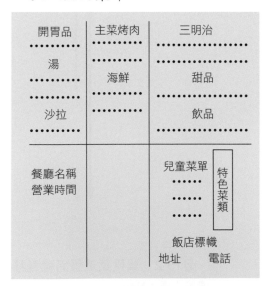

圖10-5　三頁菜單內容排列

資料來源：施涵蘊（1997）。《菜單設計入
　　　　　門》，頁166。

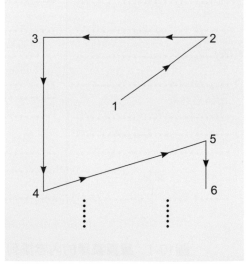

圖10-6　三頁菜單版面視覺移動順序

資料來源：Nancy Loman Scanlon (1985).
　　　　　Marketing by Menu, p.166.

二、菜單促銷時機和場合

在不同的場合，可以推出迎合這些時機的菜單，並且搭配餐廳的特色佈置、特殊服務與優惠，來促進顧客多購買的效果，這就稱為「促銷」。美國行銷協會指出，所為促銷就是指廣告、公共報導、人員銷售以外的推廣活動而言。 近年來餐飲界的促銷活動有愈來愈受重視的趨勢，節日更是菜單促銷的有利時機，各餐廳常利用促銷菜單的節日有：

(一)特定節慶日促銷

1.一月：
   (1)元旦（New Year's Day）：開年招喜特餐。
   (2)尾牙工商聚餐：尾牙春酒專案（如圖10-7）、酒席＋表演活動。
2.二月：
   (1)西洋情人節（Valentine's Day）：浪漫情人套餐（如圖10-8）。
   (2)農曆新年：除舊布新團圓桌席。
3.三月：婦幼節（Women and Children's Day）──親子用餐優惠。
4.四月：
   (1)復活節（Easter Day）：巧克力蛋。
   (2)愚人節（Fools' Day）。
5.五月：
   (1)母親節（Mother's Day）：母親節蛋糕、康乃馨。
   (2)端午節：肉粽（如圖10-9）。
   (3)畢業季：謝師宴促銷（如圖10-10）。

圖10-7　尾牙專案

圖10-8　情人節專案

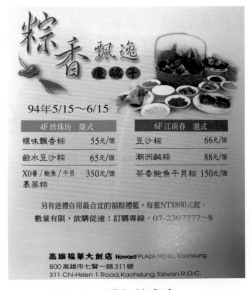

圖10-9　端午節專案

圖10-10　謝師宴專案

6.六月：無。

7.七月：美國國慶日（American Festival）──美國系列美食節。

8.八月：

　(1)父親節（Father's Day）：父親節蛋糕與贈品（如圖10-11）。

　(2)七夕情人節：中西式情人套餐。

9.九月：教師節──教師節特惠專案。

10.十月：

　(1)國慶日：國慶日特惠專案、賞煙火套餐。

　(2)萬聖節（Halloween）：南瓜系列餐點、萬聖節派對（如圖10-12）。

11.十一月：感恩節（Thanksgiving Day）：感恩火雞餐。

圖10-11　父親節專案

圖10-12　萬聖節專案

圖10-13　聖誕節專案

12.十二月：

　　(1)聖誕節（Christmas Day）：聖誕大餐（如圖10-13）。

　　(2)跨年活動：跨年舞會。

(二)季節促銷

　　不同的季節用餐的需求和習慣也會有不同，促銷的時段要及時並且要靈活運用。一年四季的促銷內容常見的有：

　　1.春季：以當季蔬果入菜為主題促銷，如法國的蘆筍、日本的櫻花料理及茶道。

　　2.夏季：冰涼的冰品、清淡爽口的沙拉，水果入菜；低卡路里的有機料理。

3.秋季：大閘蟹的季節。

4.冬季：暖熱的飲品與菜餚，如藥膳火鍋、起司火鍋、巧克力鍋、麻
辣鍋等。

(三)淡季促銷

在淡季進行菜單和酒單的促銷可以提高餐廳座位的使用率，例如在
淡季時段以買一送一的銷售或Happy Hour活動增加買售率，或是進行各種
演出來吸引顧客群。

(四)特殊場合促銷

1.婚宴：結婚是一生中最重要的活動，在婚宴促銷時一定著重菜品的
氣派外觀，同時也要滿足賓客對慶祝活動所具有的喜慶氣氛。

2.生日：生日慶祝活動通常是與親人或朋友一起進行，在菜單格式設
計上可以輕鬆活潑為宜。但一定要提供生日蛋糕以供慶祝儀式之用
（如圖10-14）。

3.會議：會議是推銷團體用餐的良好場合，運用會議進行期間所需的
飲品、茶點與餐期間的用餐問題來統籌規劃，既可以分擔主辦單位
的困擾，又可增加企業的利潤營造雙贏的局面（如圖10-15）。

三、菜單行銷工具與媒介

菜單的行銷需要各種行銷工具，例如印刷宣傳品、告示牌、彩色圖
片與實物展示等，並與一些促銷活動共同搭配推出。因為這些行銷工具的
使用與開發，增強了菜單的行銷效果。

圖10-14　生日專案　　　　　　圖10-15　會議專案

(一)常用的行銷工具

♣印刷宣傳品

1.推銷性菜單：推銷性的菜單是針對某種推銷需要和場合所編製的菜
　單，可依據不同的場合、季節、活動並精選一些菜品編製不同的推
　銷性菜單。
2.菜單推銷品：
　推銷菜單的印刷品可印成各種形式，常用的有：
　(1)單頁宣傳品：單頁宣傳品可選擇不同質地的紙張，並製成長
　　　形、扇形、方形等不同形狀。
　(2)摺疊式宣傳品：摺疊式宣傳品有兩摺或多摺的方式，也可摺疊
　　　成有趣的造型來吸引顧客。

(3)桌上直立式宣傳品：餐桌上的直立式宣傳品最能夠直接的對用餐客人進行促銷，可採用厚紙板製作或使用透明L形的壓克力架讓其能夠穩固的站立於桌面上；這種形式的宣傳品能夠長期保持整潔又便於更換節省成本，也被愈來愈多的餐廳使用（如圖10-16）。

3.宣傳小冊子：許多飯店會印製當月份的活動促銷資訊，這種冊子方便於整合全館的行銷活動，呈現出整體的協調性和計畫性（如圖10-17）。

✣ 告示牌行銷

告示牌是菜單行銷十分重要的推銷工具，通常告示牌設計時要掌握幾個原則：大而醒目、燈光照明、交通要道。告示牌的行銷有創造形象、廣告企業特色、廣告新產品、廣告價格與優惠等功能。常用的告示牌有以下幾種：

圖10-16　桌上直立式宣傳品

圖10-17　活動促銷小冊子

1.直立式告示牌：直立式告示牌通常陳列在大廳、門廳或電梯前方。
多半以豎立長方型、橫列長方型、長圓形或四面立體的型態呈現，
有些企業甚至還會製作成人物或動物的造型增加趣味性來加深顧客
的印象（如圖10-18）。

2.霓虹燈告示牌：霓虹燈告示牌一般設在餐廳門口，到了夜晚因燈光
的設計讓告示牌更為顯眼，並且營造出熱鬧與愉快的氣氛。通常此
類型的告示牌無法刊登過多的訊息，所以一定要與其他的告示牌合
併使用（如圖10-19）。

3.壁掛式告示牌：壁掛式告示牌是掛在牆上的招牌，招牌的尺寸要大
並且顏色儘量避免與牆面相同，並與周圍環境相協調為宜（如圖
10-20）。

4.懸吊式告示牌：懸吊式告示牌通常掛於餐廳門口與往來通道上，一
般都會雙面印上促銷訊息，但文字內容儘量簡化，促銷的商品選擇
單一主打商品來使用為佳（如圖10-21）。

圖10-18　直立式告示牌

圖10-19　霓虹燈告示牌

圖10-20　壁掛式告示牌

圖10-21　懸吊式招牌

❖圖片展示行銷

　　圖片展示對於色彩豐富的餐飲產品而言更有顯著的行銷效果，菜品的彩色照片展示勝過於長篇幅的文字報導。因而目前許多的菜單設計都會採用圖片展示，讓顧客用圖片來點菜也可以節省點菜時間（如圖10-22）。

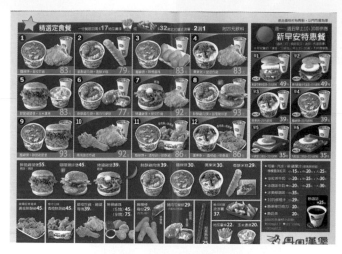

圖10-22　圖片展示

❖實物陳列行銷

　　實物陳列是運用視覺效應，激起購買欲望的一種行銷方式，常見的有：

1. 材料陳列：將新鮮的食材陳列在商店門口，讓顧客信任企業的食材品質，並且在顧客面前取走材料進行烹製更能加深顧客對企業的信任感。
2. 成品陳列：將烹製完成的菜餚或是甜點、飲品擺放在陳列櫃內，使得顧客透過成品的直觀來購買並選擇餐點，不過並非所有的餐點皆可如法泡製，所以目前有些會以菜餚成品模型來取代實體的菜餚完

成展示（如圖10-23）。

3.推車服務：推車服務上宜選擇一些並非客人非買不可的菜品與飲品，這些品項皆屬於衝動性購買決策商品，然而卻是增加餐廳額外銷售的最有利形式。港式點心的銷售模式正如此，提供一些價格不貴的小點在客人間來回穿梭，增加點售率。

4.現場烹調：在客人面前表演烹調會引起顧客的興趣並產生好奇心，想要品嚐菜餚的動機。在進行現場烹調時，一定要注意食材的新鮮度以及烹製過程中的氣味掌控，並且烹製的器具也要格外保養，力求清潔光亮為宜（如圖10-24）。

圖10-23　成品陳列

圖10-24　現場烹調

(二)菜單行銷的媒介

菜單的行銷具有一定的時間性，為了能夠在短促的時間內充分推廣，常會借助許多的媒介來達成目標，常見的行銷媒介有：

♣報刊資料

許多的餐廳因為經營成本的考量，而沒有能力進行全國性的廣告宣

傳，因而會藉由地方性的報紙來刊登餐廳資訊或是活動促銷訊息，建議儘量刊登彩色圖片較能夠加強閱報者的視覺效應，並且搭配價格折價券或是優惠券等，將會達到更好的效果。

1.報社：報社的選擇儘量以當地區域較普及，並且訂閱量較大的為主。通常刊登的版面大小、版次、彩色／黑白、外報頭或報頭下的價格皆有不同。

2.雜誌：可與當前富有指標性的美食雜誌配合刊登，通常封面的價格最高，其次為封底、封面裡及封底裡。利用雜誌的渲染力，達到宣傳的目的。

♣ 發送傳單

街頭發送傳單是最常見的一種行銷媒介手法，散發傳單時可以鎖定公司行號、機關單位服務處或是住宅區的信箱來發放，可以縮減許多時間。但往往許多路人不願意接受傳單的原因有：

1.缺少特色：儘量避免密密麻麻的文字敘述，以趣味設計並且能夠快速瞭解行銷的目標為宜，並需要標示清楚店名、地址、電話與行銷內容。

2.缺乏保存收藏的價值：若一張傳單沒有任何具有保存價值的部分，往往只會被接受者所捨棄。所以，可以在傳單上多設計一些有趣的遊戲，如兌換券、折價券、捷運路線圖等，更能夠增加一些價值感。

♣ 信函廣告

通常使用信函廣告多是鎖定企業的潛在目標，將企業新的訊息藉由信函式的模式來傳達並可以達到互相溝通的目的。不過使用信函式的方法通常成本較高，除非是特定活動，否則不會被使用為經常性的媒介，常見的信函廣告場合有：

1.餐廳新開張。

2.特殊的行銷活動。

3.新產品發表。

4.慶祝、問候與致謝。

♣ 交通廣告

利用交通工具地域性之優勢，在餐廳附近可選用交通廣告的方式來進行宣傳，常見的有：

1.車廂廣告：在大眾交通工具的車廂內外部張貼宣傳海報，提升曝光機率而且效果佳。

2.車外廣告：在搭乘交通工具的車站（機場）、候車（機）室都可以是非常不錯的宣傳環境，還有運用機車的置物箱、汽車外部等，都可以作為廣告宣傳的重點項目。

♣ 記者會、廣告與廣播

1.記者會：利用記者會的活動可以將新品完整的呈現，並且可以藉由記者會來推廣餐廳的特色，達到更高的效益。

2.廣告與廣播：廣告與廣播的運用必須結合企業的廣告策略，以及廣告的創意才能擁有獨特的廣告效益，所以廣告與廣播堪稱廣告的四大天王（電視、廣告、報紙、雜誌）。但此種媒介的成本較高，通常以秒數來計費。

♣ 網路廣告

網路廣告已經成為現在餐廳與飯店相當重要的曝光媒介，結合網路商店以及社群網站，可以提供快速、即時性以及低成本的產品行銷曝光率。尤其現今全球風靡的臉書（Facebook），更是一個絕佳的資訊曝光平台。

(三)菜單介紹的技巧

♣ 菜單故事的結構

小朋友愛聽故事，其實成人也愛聽故事。透過故事的設計可以將顧客引領進入情境中。一個好的故事結構必須含有下列幾個要素：

1. 主題：從顧客的角度來設想主題。
2. 事件：顧客可以看到或體驗的商品，賦予生命力。
3. 場景：可以有具體想像的空間；例如標榜五十年的老店，可以透過建築物古今對照來營造故事主題。
4. 人物：故事的主軸，當然說故事的也是相當重要的人物。
5. 對話：用顧客聽得懂詞句來進行人物的對話、獨白或是與顧客之間的對話。
6. 轉折：高低起伏，劇情大逆轉，更能引人入勝。
7. 共鳴：現場顧客能有所共鳴，能有更深一層的認識。

故事結構	故事內容
主題	細火慢燉東坡肉
事件	選用上等豬前腿肉，沿循古法慢火細燉
場景人物	這個方法來自於北宋詩人蘇軾的〈豬肉頌〉，話說當年蘇軾被流放至杭州時，發現當地的豬肉物美價廉，有錢人已經吃膩，但窮苦人家還是求之不得
人物	有一天友人來訪，蘇軾開心的親自下廚做了幾道拿手小菜。此外，他特地選用夾心肉，使用紅燒的方式放入鍋中燜燒
對話	相談甚歡的蘇軾完全忘記鍋中的夾心肉，等到想起時，已過了約半個時辰之久
轉折	當蘇軾開啟鍋蓋時，香氣撲鼻而來、肉質入口即化
共鳴	如今，我們在烹調過程仿照當年的手法，沒有添加任何多餘的調味料，呈現出肉質軟嫩、油亮可口的東坡肉

♣菜單故事的表達

菜單故事的表達必須建立在口語表達的技巧能力上，口語表達的技巧無疑是給了菜單在行銷上的另一個助力點，無論是否有故事結構的包裝，或只是平鋪直述的介紹。好的表達敘述能力能為菜品與餐廳的精神樹立深刻印象，也能透過引導，選擇高利潤低成本的菜品，間接創造餐廳的獲利。口語表達是由溝通與表達為基本要件，茲說明如下：

1.溝通與表達：

(1)溝通：是彼此傳遞訊息、交換意見，建立共同性的一種過程。

(2)表達：傳遞發送信號的方式或工具。

有效的溝通建立在「望、聞、問、切」，也就是「眼要觀、耳要聽、嘴要問、提建議」。

2.有效表達三要素：

(1)文字7%：用字遣詞、關鍵字句、正面建設性。

(2)聲音38%：音量、音質、語氣、語調、語速、話量表情。

(3)肢體展現55%：臉部的眼神與自信、手勢動作、儀態、穿著、裝扮、髮型。

3.常使用的口語表達技巧：

(1)使用對方的語言，發音正確：在表達過程中應視顧客使用的語言來進行調整，要用對方的語言來進行溝通；無論使用各種語言，都應力求發音正確，以免造成誤解。

(2)音量適中，簡潔有力：溝通表達時，應視現場的環境來調整音量，力求每一位顧客都能聽到為宜；表述過程應簡潔有力，切入重點避免拖泥帶水。

(3)語調平和，謙恭有禮：現場的服務工作中，無論在顧客的接待、菜單的介紹或敘述性的故事分享，都應注意語調的控制，語氣一定要親切，不能像在說教一樣，並提供有禮貌的回應服務。

(4)聆聽對方，瞭解對方：溝通之前不要預設立場，或試圖去改變。應先力求瞭解他這個人以及他的意思，多講對方喜歡聽的話。

(5)敘述文字，代替評論：儘量使用敘說文來表達你的意見，避免帶有情感的來做評論。

(6)避免敏感性字眼：對於目前敏感的議題、政治盡量迴避，不要刺激大家的情緒，不要讓現場出現對立。

(7)隨時注意顧客反應：在介紹時應要注意顧客的反應，不要自顧自的一直說下去，所以表達中途偶爾停頓一下，是非常重要的。當有出現看手錶、皺眉頭、東張西望時，則應要稍微停頓一下。

(8)貼心細心的溝通：細心、貼心的瞭解顧客的需求，抓住顧客的心意，提供最貼心的服務。

4.常見到的錯誤表達方式：

(1)速度控制問題：由於個人緊張、焦慮或是時間的緊迫，多數的服務人員在介紹菜單時速度都在無形中加快許多。其實，正常人的說話速度以每分鐘120～140字為宜，過快或過慢都會造成顧客在聆聽上的不易，尤其針對銀髮族群，更需要將說話的速度放慢。

(2)音量控制問題：部分的餐廳人潮聚集而有人聲鼎沸的現象，現場的服務人員倘若以輕柔的聲音在介紹菜單，一定造成顧客在聆聽上的困難；正常環境的說話音量大約落在50分貝左右，但服務人員應要視現場的情況來調整自己音量的大小。

(3)音調變化問題：溝通表達過程中應要有抑、揚、頓、挫的變化，不能像在頌經背誦一般；在致歡迎詞時，在尾音上應要上揚。當在敘述故事時，則更要注意語調的變化，避免豐富精采的介紹詞變得平淡無趣。

四、菜單促銷活動

為配合菜單的促銷，餐廳都會舉辦各式各樣的行銷活動，常見的有：

1. 演出型：為顧客用餐助興最常用的就是文藝演出，以爵士音樂、鋼琴演奏、民歌演唱、舞蹈表演等來營造完美的用餐氣氛。
2. 娛樂型：為活絡客人並打造歡樂的氣氛，而以抽獎、魔術表演、猜謎等遊戲在客人用餐中穿插演出。
3. 參與型：提供卡拉OK的裝置，讓用餐者可以免費點歌演唱，提高賓客的參與度。
4. 贈品促銷型：以贈送禮品的方式來達到推銷的目的，是目前許多企業運用的活動模式，但是在選擇禮品時，必須要依據收禮者的身分地位或需求來設計，禮品的品質也必須要能夠符合餐廳的形象，切勿隨便贈送與餐廳無關的贈品，這樣只會大打折扣。如有間高級西餐廳推出週年慶，凡是點選套餐的客人就可以抽獎，但獎項都是橡皮擦、立可白、筆記本，這樣的獎品設計就無法與餐廳的形象連結。
5. 新聞性：舉辦的活動儘量具有新聞價值，最好引起新聞界注意和興趣。
6. 好奇性：推銷活動要以「奇特」來取勝，更可藉此打響知名度達到行銷的目的。

參考書目

一、中文部分

王淑蘭、盧志芬、陳泰華等編著（1997）。《餐飲概論II》。台中：文野。

王學泰（2011）。《中國飲食文化簡史》。香港：中和。

江敏慧、洪麗珠、鄭淑鳳譯（2011）。Lea R. Dopson、David K. Hayes、Jack E. Miller著。《餐飲成本實務》。台北：桂魯有限公司。

何旻娟、何鈺櫻、呂萬吉譯（2007）。Ronald A. Nykiel著。《餐旅服務業行銷》。台中：環宇餐旅顧問有限公司。

吳美燕、林佩怡（2010）。《餐旅服務 I》。台中：廣懋。

吳益惠（1994）。《高獲利餐飲業經營術》。台北：漢宇。

李婉君、崔功射（1992）。《菜單設計與製作》。浙江：浙江攝影。

李澤治、周慧芬（1994）。《餐飲投資百戰百勝》。台北：吃遍中國。

沈松茂（1995）。《餐飲管理實務》。台北：桂冠。

沈松茂（1996）。《餐飲實務》。台北：中國餐飲學會。

林子寬（1993）。《吃這一行──餐飲業策略規劃》。台北：創意力。

林仕杰（1996）。《餐飲服務手冊》。台北：五南圖書。

林慶弧（2008）。《飲食文化與鑑賞》。台北：新文京。

邵建華、倪桂榮、張世財（1996）。《餐飲服務入門》。台北：百通。

施涵蘊（1997）。《菜單設計入門》。台北：百通。

洪久賢等（2009）。《世界飲食與文化》。台北：揚智文化。

胡夢蕾（2000）。《餐飲行銷實務》。台北：揚智文化。

孫路弘（2013）。《餐旅管理個案實務與理論》。台北：前程文化。

旅館餐飲實務編撰小組（1992）。《旅館餐飲實務》。台北：交通部觀光局。

財團法人商業發展研究院（2002）。《餐飲業經營模式個案彙編》。台北。

高秋英（1994）。《餐飲服務》。台北：揚智文化。

張玉欣、楊秀萍（2015）。《飲食文化概論》。台北：揚智文化。

張志成譯（2008）。Gunther Hirschfelder著。《歐洲飲食文化:吃吃喝喝五千年》。台北：左岸文化。

陳永賓、陳怡君譯（2002）。《菜單行銷》。台北：五南圖書。

陳永賓、陳怡君譯（2007）。Nancy Loman Scanlon著。《菜單行銷》。台北：五南圖書。

陳堯帝（1995）。《餐飲管理》。台北：桂魯。

彭俊成（1995）。《餐飲業》。台北：漢宇。

游卉庭譯（2016）。Dan Jurafsky著。《餐桌上的語言學家：從菜單看全球飲食文化史》。台北：麥田。

黃韶顏（1986）。《自助餐菜單的設計》。台北：圓山。

黃韶顏（1996）。《團體膳食製備》。台北：華香園。

黃薇嬪譯（2013）。機內食.com Rikiya著。《大家的飛機餐：5大洲40國75家航空公司的機上食光》。台北：悅知文化。

黃瀏英（2003）。《主題餐廳設計與管理》。台北：揚智文化。

經濟部商業司（1995）。《餐飲業經營管理技術實務》。台北：中國生產力中心。

劉念慈、董希文（2010）。《菜單設計與成本分析》。台北：前程文化。

蔡界勝（1996）。《餐飲管理與經營》。台北：五南圖書。

薛明敏（1987）。《西洋烹飪理論與實際》。台北：餐旅雜誌社。

薛明敏（1996）。《菜單定價策略之研究》。台北：中國飲食文化基金會。

鍾耀祥（1995）。《餐飲業的經營策略》。台北：漢宇。

韓傑（1993）。《餐飲經營學》。高雄：前程。

蘇文淑譯（2013）。村田吉弘著。《米其林七星主廚告訴你日本料理的常識與奧秘：關於禮儀、器皿、服務、經營與文化》。台北：遠足文化。

蘇芳基（2015）。《餐飲美學》。台北：揚智文化。

蘇慧（1999）。《中國名菜傳奇》。台北：林鬱文化。

二、網路部分

文字怎麼搭配才吸睛？10個排版秘訣搞定你的設計。TRANS BIZ。民107年12月26日，取自https://transbiz.com.tw/typography-design/

日本料理。維基百科。民107年12月17日，取自：https://zh.wikipedia.org/wiki/%E6%97%A5%E6%9C%AC%E6%96%99%E7%90%86

北京烤鴨。維基百科。民107年12月23日，取自：https://zh.wikipedia.org/wiki/%E5%8C%97%E4%BA%AC%E7%83%A4%E9%B8%AD

台南擔仔麵。維基百科。民107年12月23日,取自:https://zh.wikipedia.org/wiki/%E6%93%94%E4%BB%94%E9%BA%B5

台灣原住民各族群分布區域圖。嘉義大學原住民教育及產業發展中心。民108年1月1日,取自:http://www.ncyu.edu.tw/aptc/content.aspx?site_content_sn=6760

在美國,他們去餐廳上一堂戰爭課(民106年10月24日)。微文庫。民108年1月1日,取自:https://weiwenku.net/d/103288710

為什麼王品敢漲價,鬍鬚張卻不該漲?(民103年1月04日)。南投,我的家鄉。民108年1月2日,取自:https://lovenantou.wordpress.com/2014/01/04/106/

清真認證。MBA智庫百科。民107年12月23日,取自:https://wiki.mbalib.com/zh-tw/%E6%B8%85%E7%9C%9F%E8%AE%A4%E8%AF%81

筷子本是中國發明的,日本為何搞了個「筷子節」?(民107年7月19日)。尋夢新聞。民108年1月1日,取自:https://ek21.com/news/1/2409/

萬巒豬腳。維基百科。民107年12月23日,取自:https://zh.wikipedia.org/wiki/%E8%90%AC%E5%B7%92%E8%B1%AC%E8%85%B3

韓國飲食文化。維基百科。民107年12月17日,取自:https://zh.wikipedia.org/wiki/%E9%9F%93%E5%9C%8B%E6%96%99%E7%90%86

齋食。維基百科。民107年12月17日,取自:https://zh.wikipedia.org/wiki/%E6%96%8B%E9%A3%9F

三、英文部分

Kotschevar L. H. (1975). *Management by Menu*. National Institute for the Foodservice Industry.

Kreck L. A. (1984). *Menu: Analysis and Planning* (2nd Edition). Van Nostrand Reinhold Company, New York.

Miller Jack (1980). *Menu Pricing and Strategy*. CBI Publishing Company, New York.

Nancy Loman Scanlon (1985). *Marketing by Menu*. Van Nostrand Reinhold Company, New York.

Seaberg, Albin G. (1983). *Menu Design, Merchandising, and Marketing* (3rd Edition). Van Nostrand Reinhold Company, New York.

國家圖書館出版品預行編目（CIP）資料

菜單設計與成本控制 / 高琦, 蔡曉娟著. --
二版. -- 新北市：揚智文化, 2019.01
　　面；　公分. --（餐飲旅館系列）

ISBN 978-986-298-318-8(平裝)

1.菜單　2.設計　3.成本控制　4.餐飲業管理

483.8　　　　　　　　　　　　108000922

餐飲旅館系列

菜單設計與成本控制

作　　者 / 高琦、蔡曉娟
出 版 者 / 揚智文化事業股份有限公司
發 行 人 / 葉忠賢
總 編 輯 / 閻富萍
特約執編 / 鄭美珠
地　　址 / 22204 新北市深坑區北深路三段 260 號 8 樓
電　　話 / 02-8662-6826
傳　　真 / 02-2664-7633
網　　址 / http://www.ycrc.com.tw
 E-mail　/ service@ycrc.com.tw
 I S B N　/ 978-986-298-318-8
初版一刷 / 2012 年 8 月
二版一刷 / 2019 年 1 月
定　　價 / 新台幣 380 元